新版

ブルーリボンの祈り

横田早紀江
彼女を支える仲間たち［共著］

本書の執筆者たち
前列左から
眞保節子さん、
横田早紀江さん、
牧野三恵さん、
後列、
斉藤眞紀子さん

1980年頃。「聖書を読む会」のメンバーたち

１９７１年夏、めぐみさん小学１年当時の横田さん一家。
左から、横田滋さん、拓也君、めぐみさん、哲也君、早紀江さん

１９７４年、
めぐみさん小学４年当時。一家で萩に旅行した。

眞保恵美子さん所持の、
めぐみさんにちなむ思い出のペンダントと
めぐみさんが描いたベルバラ風イラスト（右）

１９７７年１月、新潟の家の玄関前で。
お母さんが若い頃に着ていた着物を着ためぐみさん

１９７７年４月、寄居中学入学当時のめぐみさん
（撮影は父親の滋さん）

マクダニエル先生とペギー夫人（近影）

１９８３年、ペギー夫人と横田早紀江さん

１９９６年６月、アメリカに帰国したマクダニエル宣教師夫妻を訪ねて

ブルーリボンの祈り
目次

表紙写真　小林恵
カット　熊田ますえ

新版によせて

横田早紀江

一九七七年十一月十五日、娘めぐみが中学校の下校途中、自宅近くの曲がり角で忽《こつ》然《ぜん》と姿を消してより二十年間、米粒一つほどの消息もなく、狂気に等しい年月を過ごしてまいりました。

そして、その二十年目の一九九七年一月。娘は、北朝鮮国家の指令で北朝鮮の工作員により拉致《らち》されて平壌《ピョンヤン》にいることが、脱北した元工作員の証言によって判明しました。以後、他の拉致被害者家族の方々とともに救出活動を始め、日本政府に解決をと願い続けて十二年が経ちます。

拉致は、人間の命と人権にかかわる恐ろしい犯罪です。この残酷な事件の解決のため、私たち「家族会」と「救う会」は、今も全力投球で活動を続けています。日本国内はもとより、何度も渡米したり、ジュネーブの国連人権委員会でも訴えてきました。私たち夫婦も、たゆまず全県を巡り、千回を超える講演をさせていただきました。

当初は署名活動をしても無関心だったり、本当にそんなことがあるのかと不信に思われた方も多かったのですが、次第に多くの方々が感心を持ち、賛同して、共に闘ってくださるようになり、心から感謝しています。

一方、新潟のあの街で起きた事件のその日から、私の近くにいてくださった方々が、三十二年経った今でも私のそばにいつも寄り添って、祈りを共にしてくださっています。特に、この本を一緒に執筆した三人の姉妹方とは、めぐみの事件を通して新潟で出会い、お一人お一人と共に神さまの救いの恵みにあずかりました。苦しい中でも、「聖書を読む会」や教会生活を共有して、多くの慰めと支えを頂きました。

その後、それぞれに転勤などで何年間か別々の地に散らされていましたが、めぐみのことが拉致とわかった前後から、それぞれに東京、千葉、私は川崎へと集められました。そして、再開された「聖書を読む会」がきっかけとなって「横田姉を囲む祈り会」が始まり、今では多くの方々と月に一度集まって、拉致問題のために祈る「ブルーリボンの祈り会」となったのです。この祈り会は、今では全国に、海外にと広がっています。なんと不思議な人生でしょうか。

しかし、心を合わせ主を信じて祈り願い続けても、回を重ねていく中でも何も見えてこないと、「主よ、いつまでですか……」と、弱音をはく日々もあります。体も心も、もうどうしようもなく苦しい日もありますが、私は祈り会の中で平安を頂き、生かさせていただいています。

この本は、初めの日朝会談が行われた後のめまぐるしい中で、これまでの記録を残したいと、四人が心を一つにして執筆したものです。二〇〇三年に初めに出版されて六年が経ち、版を重ねてきましたが、今回、拉致問題が人々の心から消えてしまわないように、また、一人でも多くの方に祈りに覚えていただくために、新版という形で出版されることになりました。

1

悲しみと希望を分け合って

横田めぐみさんの
小中学時代の親友の母

眞保節子

あふれるばかりの恵み

「この集会を成功させたい！　いや、絶対に成功させなければ！」

でも、人はそんなに大勢集まってくれるだろうか……。会場へ向かう道すがら、私は不安な思いをぬぐえないままでおりました。

二〇〇三年五月七日。「第五回・拉致被害者救出国民大集会」が、丸の内の東京国際フォーラムで開催されました。北朝鮮へ怒りのメッセージを届けるためにも、満席になるほど多くの人々に集まってもらいたいと、集会当日まで私は毎日、すがるような思いで神に祈り続けました。そればかりか、多くの方々、私や横田早紀江さんと同じ信仰に立つクリスチャンの方々に、この大集会の成功のために祈ってくださるよう依頼していたのです。そして、神がその祈りに応えてくださることを期待して、この日を迎えたのでした。

しかし、いくら祈りが強くとも、今回の会場は五千席。補助席の一千席を加えると、六千席にもなるうえ、平日の夜の集会。どれだけの人数が集まるか、まったく予測がつきませんでした。過去四回の集会を思い出してみても、最大動員数は二〇〇二年九月十六日、小泉首相訪朝の前日に開かれた第四回集会の千八百人でした。会場となった日比谷公会堂にはまだ二百ほどの空席がありました。ですから、半年あまり後の今回、急に三倍もの人が集まって来るか、不安に感じるのも無理のない状況だったのです。

当日、受付を依頼されていた私は、午後四時過ぎに会場に到着しました。その時、すでに地階の通路にはたくさんの人々が並んでいました。

「今夜は何か、音楽会でもあるのかしら。このくらい大勢の人たちが国民大集会に来てくださるといいのに……」

長い列を横目に、友人と話していました。その時の私は、まさか、この人たちが国民大集会に参加するために開場を待っていたとは、思いもつかなかったのです。なんという信仰の薄い者だったのでしょう。あんなに「満席になりますように」と祈り続けていたのに。

ほどなく、この多くの人々が、国民大集会に出席するため、開場時刻の二時間以上も前から並んで待っていてくださったのだと知って、私の心から不安は消え去り、驚きと喜びで胸がいっぱいになりました。

午後六時の開場時間になり、参会者たちは地階から一階、二階と、エスカレーターで整然と、混乱もなく続々と入場して来ました。その間、私たちボランティアは二階ホールで、ブルーリボン（日本海をイメージしたリボン。拉致被害者救出活動のシンボルとなっている）やパンフレットを、息つく暇もなく次々と手渡していました。五千席があっという間に満席となり、補助席もすぐに埋まりました。

しかもなお、入場者とほぼ同数の人たちが会場に入りきれずに、地階通路で並んでいると情報が入りました。そして、これらの方々が、「せめて、カンパと署名だけでもしたい」と言っているとの連絡を受けた私は、急いでカンパ箱を持って地階へと向かいました。

この時すでにエレベーターは止められていました。

「今、下に行くのは危ないよ！　長い間待たされたのに入場できなかった人たちが騒いでるから、やめたほうがいい」と、守衛さんが急いで下に行こうとする私に注意してくれるほど、地階の空気は殺伐としていたのです。

せっかく遠くから来て長い時間待っているのに、会場にも入れないとは……私は胸が締めつけられる思いでした。せめて誠意をもってお詫びをしたいという一心で、止められたにもかかわらず、私は下に下りていきました。しかし、実際に大勢の激しい怒りの声を目の当たりにして、どうやってお詫びすればいいのかわからず、ただおろおろするばかりでした。

私が無為に時間を過ごすうち、やはり同じように感じられたのでしょう、横田早紀江さんもその場に下りて来られました。

早紀江さんは、「皆様の日頃のご支援に心から感謝しております。お忙しいなか、せっかく来てくださったのに、入場していただけなくて申し訳ございません」と、心をこめて語られました。早紀江さんの声は少し震えていました。

その真心のこもったことばが、皆さんの心に響いたのでしょう。それからは静かになり、穏やかな空気の中で、カンパや署名に気持ちよく応じてくださるようになりました。そればかりか、「この事態を招いたのは、自分たちがこれまで無関心だったためだから、これからはもっとしっかり支援しますよ！」という声まで聞こえてきたのでした。

その光景に私も胸がいっぱいになり、涙があふれました。この日、私と早紀江さんは同じ思いをかみしめていたのです。

＊

思えば一九九七年、「めぐみさんは北朝鮮に拉致されていた」と判明してからここまで、ずいぶん長い道のりでした。当初は、政府も外務省も本気になって聞いてくれる様子がありませんでした。せめて世論に働きかけようと、街頭でチラシを配り、署名を募りましたが、関心を示してくれる人はほとんどなく、チラシを受け取ってくれる人すらあまりいなかったのです。

同年三月末、「北朝鮮による拉致被害者家族連絡会」（家族会）が結成されると、次々に全国各地に支援会ができました。家族会の代表となった横田さんご夫妻は、各地での集会や署名活動のため、日本全国を東奔西走する忙しさの中に置かれました。そして、それらの労苦の成果として、徐々に世論が高まってきたのです。

私たちはずっと、「拉致問題への関心の高まりが、大きな世論となって政府に迫り、北朝鮮に対する強い圧力となりますように」と祈り続けてきました。小さな祈りの輪はしだいに広がり、多くの方々に知られるところとなりました。また、二〇〇〇年三月からは東京で、「横田早紀江さんを囲む祈り会」が毎月開催されるようになりました。さらに、この会に参加できない全国のクリスチャンたちも、拉致問題への関心をもって、被害者救出のために力強く祈ってくださるようになっていったのです。

その祈りが天に届いたのでしょう。この東京国際フォーラムでの国民大集会に、同じ願いをもつ人々がこんなにたくさん集まって来ました。これこそ、神が私たちの祈りにみごとに応えてくださった結果だと、あふれるばかりの恵みに感謝し、喜びで満たされた瞬間でした。

集会の翌朝、早紀江さんから電話があり、私たちはたくさんのことを話し合いました。

多くの方が集まってくださってうれしかったこと、会場に入れない方が大勢いて申し訳なかったこと、北朝鮮への怒りをもったあのすごい人波を金正日《キムジョンイル》に見せたいということ等々。最後に、「救出実現に至るまでの道のりは遠いように感じられるけど、神さまは確実に、いちばんいい方法で道を開いてくださるから、その時を忍耐して待ちましょう」と、互いに励まし合って受話器を置きました。

転校して来た少女

一九七六年九月、横田めぐみさんは銀行員のお父様の転勤に伴い、広島の小学校から新潟小学校に転校して来られました。クラスは私の娘・恵美子と同じ六年三組でした。明るく積極的なお嬢さんで、娘とはすぐに仲良くなり、お互いの家を行き来して遊ぶようになりました。

めぐみさんは、聡明で明るい性格というだけでなく、正義感の強いお子さんでもありました。内気な子や弱い子、いじめられている子などを放っておけない気性だったようです。娘もどちらかというと内気で泣き虫だったので、「泣いたりしちゃだめよ」と叱咤激励してくださったこともあったそうです。そのためか、娘もめぐみさんとおつき合いするようになってから、見違えるほど明るく元気な子に変わっていきました。

めぐみさんが私の家に遊びにいらっしゃる時には、いつも門に入る前から楽しそうなおしゃべりの声が聞こえてきました。よく通るソプラノで、弾むような話し方をなさるので、聞く者は自然と心が和み、楽しくなって思わず笑い出してしまう……そんな不思議な魅力を持ったお嬢さんでした。

あの頃、めぐみさんとKちゃん、娘の恵美子の三人は、ほんとうに大の仲良しでした。少女漫画ふうのイラストや詩、ストーリー漫画を順番に書きつないでいく交換ノートを毎日回していました。また、しょっちゅうお互いの家を行き来しては、みんなで絵を描いたりしていました。めぐみさんは、当時全盛期だった『ベルサイユのバラ』の池田理代子さんのファンで、なかなか上手に池田理代子ふうの絵を描いておられました。

三人で自転車で出かけたり、お庭で遊んだり、とにかくいっしょにいるだけでとても楽しそうでした。娘に良い友達ができたと、私も心底うれしく思ったものです。

翌年三月、新潟小学校を卒業して、三人は新潟市立寄居《よりい》中学校に入学しました。娘とKちゃんはめぐみさんとは別のクラスになり、お互いに寂しがっていました。しかし、入学前からの約束どおり、みんないっしょにバドミントン・クラブに入りました。部活や遠足、お休みの日の行き来などもあり、中学に入ってからも親密な交友は続いていました。

その秋、めぐみさんはバドミントンで選手に選ばれ、十一月の新人戦に出場しました。その時の活躍が認められ、新潟市の強化選手に選ばれたと聞いて、私まで誇らしく思ったものです。そんな平和で幸せな時の流れが、数日後、突然の悲しい出来事で中断されるとは、だれも夢にも思っていませんでした。

その日の出来事

一九七七年十一月十五日。その日は、新潟では珍しく朝からよく晴れた日でした。

私は、午前中、知的障害をもった子どもたちのお世話をしたり、いっしょに遊んだりするボランティアをするため、明清園という施設に行っておりました。家から明清園までは徒歩で十五分くらいでしたので、ふだんは歩いて通っていました。ほかの方々は自転車で通っていたので、帰りは門の所でみんなと別れてしまうと、私一人になります。

この日の帰り道、私はかつて経験したこともない不思議な体験をしたのです。いつものように園の門の前でみんなと別れて、私は一人、家に向かって歩き出しました。すると、道が緩やかにカーブしているあたりの端のほうに、白っぽい小さな車が駐車しているのが見えました。何の変哲もない普通の自動車なのに、それを見たとたん、私はなんとも言えない恐怖感に襲われ、足がガクガクしてしまいました。なぜだろうと思い直して、その車をよく見ても、フロントガラスから人の姿は見えません。

「子どもみたいに、何を怯《おび》えているんだ!」と私は自分をしかりつけ、勇気を出してそのまま真っすぐ歩いて行きました。車の脇を通る時は、道の反対側の端を急いで通り抜けようとしました。すると、開いていた窓から突然腕が出てきて、私に「おいで、おいで」をするように上下に振り出したのです。私は恐怖のあまり夢中で駆け抜け、小走りに走り続けて、なんとか家までたどり着きました。

思い返すと、腕と腿の一部だけチラッと見えましたが、ベージュ色の服を着た男性のようでした。顔は見せないようにしていたのか、まったく見えませんでした。家に着いてもなお不安な思いが胸を締めつけて、子どもたちが早く帰って来てくれるよう、ひたすら待ち続けました。

夕方近く、午後四時少し前に娘がいつもより早く帰って来ました。「体育の時間に突き指してしまって、痛くて部活ができないから早く帰って来ちゃった」と、元気に話す様子に私はホッとしました。続いて高校二年の息子も何事もなく帰って来て、私の思い過ごしだったのかもしれないと、胸をなで下ろしました。しかし、なぜか胸騒ぎが心の奥に残っていて、どうすることもできませんでした。

＊

秋の日はつるべ落としと言いますが、いつの間にか外は真っ暗になっていました。七時頃だったと思います。海のほうから「ドンッ！」と大きな音がして、障子や戸がガタガタと鳴りました。私の家は、道を隔てた松林の向こう側が海岸につながっています。何事だろうと外に出てみると、お向かいの奥様も外に出て来られて、「何の音でしょう？」と、やはり不思議がっておられました。テレビのニュースを見ても、地震や事故の報道は何もありませんでした。

その時、電話がけたたましく鳴ったのです。

「うちのめぐみが、まだ学校から帰って来ないのですが、お宅に寄っていませんか？」

横田早紀江さんからのお電話でした。

悪い予感が的中してしまった！　私は激しい怯えに体が震えました。もしかしたらめぐみちゃんに何か……。そんなはずはない。めぐみちゃんはきっとどこかに用事があって寄り道しているだけで、もう少ししたら帰って来るに違いない。そう自分に言い聞かせようとしても、不安は大きくなるばかりです。

私は、横田さんから「めぐみは無事に帰って来ました」という知らせが入るのではないかと、一晩中こたつの前に座ったまま、まんじりともせずに夜を明かしました。

やはり、あの時の車が何か関係あるのではないかと思うと、いたたまれない気持ちでした。私がその車を目撃したのは、横田さんの家から歩いて五分くらいの所だったのです。なぜ、あの時すぐに警察に届けなかったのかと、自分を責めては苦しみました。

そんな一夜を過ごして朝になりました。子どもたちを学校に送り出すと、私は取るものも取りあえず、横田さんのお宅に駆けつけたのです。

「無事に帰って来ましたよ」ということばを期待していたのに、めぐみさんは家に戻っていませんでした。早紀江さんは真っ赤に泣きはらした目をして、憔悴《しょうすい》しきったご様子でした。あまりにもお気の毒で、慰めのことばも見つからないままに、私も涙があふれてきました。

＊

その後、新潟県警始まって以来と言われるほどの大規模な捜索が展開されました。海岸や松林の中などはすべて、県警の機動隊員がローラー作戦でくまなく捜索し、近所の聞き込み調査も徹底して行われました。刑事さんたちは民家を一軒一軒訪ねては、住民に「その日、その時刻の行動」を熱心に聞いて歩き、「事件前後のことで何か気づいた点があれば、何でもいいから話してほしい」と言っていました。もちろん私も、あの日出会った不審な車について詳しくお話ししました。

空からはヘリコプター、海からは巡視艇で、徹底的な捜索が連日続きました。道路、鉄道、バス、船など交通機関でも詳しい聞き込みが行われましたが、捜査は進展しませんでした。

「一刻も早く、めぐみちゃんが元気な姿でご両親のもとに戻れますように」

私は祈るような思いで毎日過ごしていました。しかし、まるで神隠しにでも遭ったかのように、めぐみさんの消息は杳《よう》として知れません。めぐみさんやご家族のことを思うと、食事ものどを通らない日々でした。そんな私を心配して、近所の友人が慰めに来てくれました。その親切には感謝しても、不安や悲しみが私の胸を締めつけていることに変わりはなく、何をする気力も起きませんでした。

娘の恵美子は、当時のことを思い返してこんなふうに言っております。

彼女のことだけ、あの日で時間が止まった……恵美子さんの話

信じられないというのが実感でした。そのうち、いつもどおりに学校に来るような気がしていました。「ヨコ（めぐみさん）早く帰って来て」と書かれた当時のノートがいくつか残っています。

「横田めぐみさんが行方不明になりました」と学校で先生がおっしゃった時、彼女とさほど親しかったとは思えない女の子たちが泣き出しましたが、泣き虫のはずの私は、どういうわけか泣きませんでした。泣いたのは、もういなくなってずいぶん経ってからだったと思います。

多分、泣いた子たちは、何かの事件に巻き込まれて不幸な姿の彼女を想像したのかもしれません。でも私は、そういう想像はできませんでした（想像したくなかったのかもしれませんが）。何も遺留品がなかったし、あまりにも痕跡がなかったので。

祖母の影響だったのか、私は、一日一度は十字架にお願いするのが習慣になっていましたから、「神さま、どうぞ、ヨコを早く帰してください」と祈っていました。

何だか、お祈りすると安心したような気がします。でも恥ずかしくて、できるだけコソコソしていたのに、ある日、母に見つかってしまいました。

十字架はアクセサリーとして、父に買ってもらったものだったと思います。キラキラ光るガラス玉がたくさん埋め込んであってきれいだったので、当時の私の宝物でした。

この十字架につけた紐はめぐみさんに縁があるものでした。私がビーズに凝った時、ビーズを通したネックレスを三本作って、めぐみさんとKちゃんに一本ずつあげて三人で持っていた、そのネックレスに十字架を付けたのでした。めぐみさんにゆかりがあるものはあまり持っていなかったこともあって、その十字架はいまだに持っています。

それにしても、突然、ある人のことだけ時間が止まってしまうというのは、何とも悲しいものです。過ぎていく時間の中で、いろいろな後悔はいつか忘れていくのに、時間が止まってしまった相手に対する後悔は一生消えないのでしょうか。

バドミントンの新人戦の時、選手のめぐみさんは私たちより一足先に会場にいて、私たちを体育館の入り口で出迎えてくれました。その時、「キャオー！　ボンボコ！（私のこと）」と言って手を差し出した彼女の姿を、耳に焼き付いた声とともに忘れることができません。彼女のオーバーアクションに、恥ずかしくてうまく応えられなかった私。だれよりも一番に私を呼んでくれたのに……。試合前で、きっと不安だったのでしょう。なぜあの時、私も手を差し出して抱きしめてあげなかったのか。試合が終わって、負けてしまった彼女は体育館の隅で泣いていました。その光景とともに、私の記憶は固まってしまいました。

あとで、当時の友達と話してみると、やはり、「ちょっとしたことでめぐみさんと気まずくなってしまったことが、いまだに気になって仕方ない」と言います。皆、同じ思いなのでしょう。

そうしてあの日、私が突き指をしなければ……部活動をさぼったりしなければ……彼女の運命は変わっていたのだろうか。そんなことを、何度も、何度も思いました。その日、部活を休んだ私につき合って、もう一人の友達が部活をさぼりました。その友達は、いつもはめぐみさんの家の前まで彼女といっしょに行って、その先のほうまで歩いて行くのでした。

あの当時、まさか大の大人も拉致してしまうほど、相手が恐ろしい存在とは思っていなかったので、もしも私と彼女が部活に出ていたら、めぐみさんは他の友達と家の前まで行けたのだから、あんな目には遭わなかったのではないかと、自分を責めたりしました。今にして思えば、被害者がもう一人か二人増えただけだったのかもしれません。でも、被害者はめぐみさんではなく、自分だったかもしれないという思いをずっと持っていました。

小さな十字架……再び節子さんの話

ある日、娘が小さな十字架を大事そうに持っていたので、わけを聞いたところ、こんなことを言いました。

「おばあちゃん（私の母）が、『困ったことや心配事があったら、神さまにお祈りしてお願いすれば、きっと聞いてくださる』って言っていたから、私はこの十字架にお祈りしてるの」

ふだん、神さまとかお祈りなどと口にしたことのなかった娘の、この真っすぐなことばに、私はハッとさせられました。娘のことばは、私が長い間遠ざかり、忘れていたイエス・キリストのことを思い出させてくれたのです。

私の母は、とても熱心なクリスチャンでした。私も、物心つく頃から教会学校に通っていました。毎週日曜日の朝、献金のための一銭銅貨を、小さな手にしっかりと握りしめて教会に行くのがとても楽しみでした。教会学校では、聖書物語の紙芝居を見せてもらったり、賛美歌を歌ったり、聖書のお話を聞いたりして過ごしたのを今も覚えています。

主われを愛す、主は強ければ、
われ弱くとも　恐れはあらじ。
わが主イエス、わが主イエス、
わが主イエス、われをあいす。
（讃美歌四六一）

私の、幼い真っ白な心に神さまの愛がしみ通り、子ども心にもイエスさまが真の神さまだと信じていました。神さまはいつも私のおそばにいてくださるのだと、喜んでいたのです。

その後、太平洋戦争が激しくなると、キリスト教は敵国の宗教だと言われ、激しく弾圧を受けるようになりました。私たちが通っていた新井（新潟県）の小さな教会も、やがて閉鎖されてしまいました。

教会が再開されたのは、敗戦後の混乱から日本が少しずつ立ち直り始めた頃でした。私は女学生になっていましたが、母とともに、再び教会に通い始めたのです。しかし、戦後の混乱によって世の中の価値観がすっかり変わってしまい、なんとなく落ち着かないせいもあったのか、教会でも小さな争いごとが絶えませんでした。そのたびに、まだ幼く純真だった私の心は痛み傷ついていったのです。

子どもの頃から「愛がいちばん大切だ」と教えられてきたのに、私には教会内の争いにキリスト教の愛など微塵も感じられませんでした。今まで一途に信じていた思いが崩れ落ちていくようで、むなしさを感じるようになり、私の心は教会から少しずつ離れていきました。

そんな私に母は、「人間はどんなに立派な人でも、完全ではないから罪を犯しやすいものなのだよ。だから、真の神さまだけを見上げて歩いていれば、絶対に人につまずいたり迷ったりはしないのだよ」と言い、何度も引き留めようとしました。しかし、私の心はすっかり教会から離れ、神さえも否定するようになってしまったのです。

私は、キリストを忘れたままに成長し、結婚して二人の子に恵まれ、それなりに幸せな日々を過ごしていました。

しかし、私が教会と距離を置いていたにもかかわらず、その後、キリスト教とのつながりが完全になくなってしまったわけではありません。私たちが結婚する三年ほど前に、主人の弟が心臓病で亡くなっていましたが、短い生涯だったとはいえ、病の苦しみの中で信仰を告白し、天に召されたと聞いていました。その関係で、宣教師のマクダニエルさん夫妻が、時々、わが家を訪問してくださっていました。ご夫妻の明るく優しいお人柄にとても心惹かれましたが、キリスト教とはなるべく距離を置きたいと考えていたので、こちらからお訪ねすることもないままにおりました。

そうして、一九七七年、めぐみさんの事件が起きた年の春頃だったと記憶していますが、マクダニエル宣教師の家で、毎週一回、水曜日に「聖書を読む会」という集会が始まりました。ご近所の方たちが集まっているらしく、私も誘われて一度出席しました。

その日は、新約聖書のマルコの福音書を学んでいました。バプテスマのヨハネという人が、ヨルダン川で多くの人にバプテスマ（洗礼）を授けたのち、自分のあとから登場するイエス・キリストについて語っている箇所でした。

「私よりもさらに力のある方が、あとからおいでになります。私には、かがんでその方のくつのひもを解く値うちもありません。私はあなたがたに水でバプテスマを授けましたが、その方は、あなたがたに聖霊のバプテスマをお授けになります」（マルコ一・七、八）

以前から母の話の中に、「聖霊」ということばがよく出てきましたが、私にはまったく理解できませんでした。私はこの機会にと思い、「聖霊とは何ですか？」と質問したのです。マクダニエル夫人と、会のリーダーの斉藤眞紀子さんが、代わる代わる熱心に説明してくださいましたが、なんだか漠然としていて、私にはほとんどわかりませんでした。この、キリスト教独特のことばとも言える「聖霊」が理解できなければ、これから先いくら聖書を読んでも深い理解はできないのではないかと考えました。ですから、それからはいくら誘われても、私はその会に行きませんでした。

＊

そうこうするうちに、めぐみさんの事件が起きたのです。

大がかりな捜索にもかかわらず、何の手がかりも得られないままに一週間が過ぎました。公開捜査が始まり、報道規制が解かれると、テレビ・ラジオ・新聞などでいっせいに「横田めぐみさん、行方不明」と大きく報道されました。

報道を聞きながら、私は人間の無力さをしみじみと思い、今までこらえてきた悲しみが一気にあふれ出して、赤子のように大声をあげて泣きました。大きな絶望感とともに、暗くて深い淵の中に落ち込んでいくように感じました。

そのような中で、私はいつの間にか、長い間拒み続けてきたイエス・キリストの名を呼び求めていたのです。

「イエスさま、私たちにはめぐみちゃんの行方は全然わかりません。しかし、あなたはご存知でいらっしゃいます。みこころならば、どうぞ一日も早くご両親のもとに返してください。もし、今はその時ではないと言われるのでしたら、あなたの御翼《みつばさ》の下にかくまい守ってください」

私は一生懸命祈りました。そして、神さまのことを拒み続けていた大きな罪を心から悔い改めて、赦しを乞いました。

長い時間、泣きながら夢中で祈り続けていた私は、ふっとわれに返りました。あんなに悲しんでいたのに、深い絶望感がすっかり取り除かれ、大きな平安に包まれていたのです。その時の感動は、生涯忘れることができないでしょう。こんな罪深い私をも、神さまは赦してくださり、愛によって慰めてくださったのです。

「ああ、これが聖霊に満たされることなのだ」と、自然に喜びと感謝があふれてきました。そして知らず知らず、娘時代によく口ずさんだ讃美歌の一節が、心の中に大きく広がってきました。

そむき去りし子をしのび、
夜もいねぬ母のごと、
父のかみは待ちたもう、
ただ悔いてかえれよと。　（讃美歌四九三）

神のわざが現れるため

その経験によって、私はイエス・キリストこそが真の神だとはっきりと信じることができました。神さまにすべての思い煩いをおゆだねして歩む平安を感謝するにつけ、このすばらしい平安を早紀江さんにも知ってほしいという願いが強くなっていき、そのことを祈るようになりました。

しかし、連日、テレビや新聞などでめぐみさんの事件が報じられると、さまざまな宗教の人たちが横田家を訪れるようになっていたのです。そして、「自分たちの宗教に入るとめぐみさんは見つかるはずだ」と、親心につけ込んでは勧誘しているようでした。横田さんご夫妻は理性的な方たちですから、そんな話に耳を傾ける様子はありませんでした。けれども、そんな時に、いったいどうやって聖書の神さまのお話をしていいのかわかりませんでした。私自身、あまり聖書を読んでいなかったので、確信をもってお話しする技量もなく、方法もわからないままに、ただただ、祈りながら時を待ち続けていたのです。

めぐみさんの行方は、依然として何の手がかりも得られないままに、むなしく月日が流れていきました。早紀江さんの深い悲しみは見るに忍びないほど、日増しに痛々しくなっていくように感じられました。もしかしたら行方不明になっていたのは、めぐみさんと行動を共にすることが多かった私の娘だったかもしれない。そう思うと、私には早紀江さんの悲しみはとても人ごととは思えませんでした。少しでも早紀江さんをお慰めしたいと、時々お訪ねしていましたが、いつも私もつらくなってしまい、いっしょに泣くだけで終わっていました。

＊

「めぐみがいなくなったのは自分のせい」と、早紀江さんはよく自分を責めていました。「めぐみを正しい、いい子に育てようとして、叱るべき時はしっかりと叱っていたので、それがめぐみの心を傷つけたのではないかしら」とおっしゃるのです。

「そんなことないですよ。うちの娘は、めぐみちゃんはいつも『うちのお母さんは、友達みたいに何でもお話しできるのよ』と自慢していて、うらやましかったと言っていましたよ」と言うと、今度は、「友達みたいに頼りない母親だからいけなかったのかしら」と、また自分を責めてしまいます。私は、どのように話せばいいのか困ってしまうことがよくありました。

早紀江さんは家で一人でじっとしていると、ますますつらくなるので、自転車で街じゅうを走り回っては、めぐみさんの手がかりを探しておられるようでした。色白だった早紀江さんは日焼けし、ほっそりされました。そんな姿を見るにつけ、何もできない自分の無力さにやりきれない思いでした。

そんなある日、早紀江さんから電話がきました。彼女は泣いていました。

「どうしたの?」

「ある宗教の人にね、『めぐみさんが見つからないのは因果応報で、親や先祖に罪があるからだ』と、心に突き刺さるようなことを言われたの」

私ももらい泣きしながら、そんなひどいことを言う相手に強い憤りを覚えました。同時に、こんな心ない人たちに早紀江さんが傷つけられる前に、どうしてキリストの福音をお話ししなかったのかと後悔しました。

私は、泣きながら必死で祈りました。

「神さま、助けてください！　今、早紀江さんがあんなに泣いていらっしゃるのに、私は慰めのことばも知りません。あなたのみことばによってお慰めしたいのですが、私は長い間神さまを拒み続けていたので、聖書のことばも心に蓄えていないのです。どうか私の罪を赦してくださって、早紀江さんの慰めになるような適切な聖書のみことばを教えてください」

それから、私は心を静めて聖書を開きました。すると、はっきりと語るべきことばが教えられたのです。

「イエスは道の途中で、生まれつきの盲人を見られた。弟子たちは彼についてイエスに質問して言った。『先生。彼が盲目に生まれついたのは、だれが罪を犯したからですか。この人ですか。その両親ですか』。イエスは答えられた。『この人が罪を犯したのでもなく、両親でもありません。神のわざがこの人に現れるためです』」（ヨハネ九・一〜三）

それは、神のわざが現れるためで、両親のせいでも本人のせいでもないというのです。なんと慰めに満ちたことばでしょう。祈りにはっきりと応えてくださった神さまに感謝し、喜びで胸がいっぱいになりました。

さっそく、私は早紀江さんの所に行き、この聖書のことばをお伝えしました。彼女は、ちょっと驚いたような顔をしておられました。のちに、早紀江さんは手記の中で「初めて聞く不思議なことば」と書かれています。

その後すぐ、早紀江さんにキリストと巡り会う機会が訪れました。当時、「聖書を読む会」のメンバーで、めぐみさんと同学年のお子さんを持つお母さんが、早紀江さんを会に誘いに行かれたのです。そして、一冊の聖書を置いて帰られたということでした。

「ヨブ記を読むといいですよ」と言われたものの、分厚い聖書を前に、早紀江さんはどうしたものかと、切ない思いでおられたようです。しかしある日、何とはなしに聖書を手にして、勧められたヨブ記を開いて読み始めたのだそうです。

その時のことを、早紀江さんは前述の手記に、「神ご自身が私の心に、真っ直ぐに光を差し込んでくださった最初の時でありました」と記しておられます。さらには「初めて深呼吸ができ、久しぶりに空気がおいしいと思えた」とも書いています。それから彼女は、むさぼるように聖書を読み進んでいかれたのです。

このことは、再び「聖書を読む会」に入れていただいていた私にとっても、大きな喜びでした。私も聖書を読み始めてから、神さまのことばによってたましいに響く大きな感動に満たされ、力強い励ましを受けていました。そして、早紀江さんといっしょに「聖書を読む会」で学びたいという願いがかなえられたのです。

それからは、毎週水曜日の集会が楽しみで、早紀江さんといっしょに熱心に聖書を学び、夢中でみことばを慕い求めました。お互いの家を訪ね合っては、二人で聖書を読みました。また、「めぐみさんをお守りください。そして、一日も早くお返しください」と、共に祈ることによって大きな平安を得ることができました。

今思うと不思議なのですが、まだ聖書を読み始めたばかりの二人の心に、深い理解とともにみことばが響いてきました。きっと、聖書のことばどおり、その場に神さまが共にいてくださり、教えてくださっていたのでしょう。

「もし、あなたがたのうちふたりが、どんな事でも、地上で心を一つにして祈るなら、天におられるわたしの父は、それをかなえてくださいます。ふたりでも三人でも、

わたしの名においてで集まる所には、わたしもその中にいるからです」(マタイ一八・一九、二〇)

リリーちゃんとシロ

明るく楽しいめぐみさんがいなくなって、灯りが消えたように寂しくなった横田家では、リリーちゃんという犬を飼うことになりました。シェットランド・シープドッグ種の、毛足がフサフサと長く美しい犬でした。柔らかい毛を撫でると、可愛いしっぽを振って喜び、とても愛くるしくて、たちまち横田家の人気者となりました。リリーちゃんは、悲しみに沈みがちなご一家の心を紛らわせてくれているようで、めぐみさんの二人の弟さんもとてもうれしそうだったので安心しました。

動物だったら何でも大好きだっためぐみさんが帰って来たら、どんなに喜ばれるかしらと、またしても、一日も早い帰りを祈らずにはいられませんでした。

ちょうどその頃、私たち家族も同じ慰めを得ることになりました。わが家に、一匹の犬が迷い込んで来たのです。成犬の大きさになっていましたが、あとで調べたら、まだ一歳にもなっていなかったようです。白い毛の中に黒い斑点があり、一見ポインターふうでしたが、残念ながら足の短い犬でした。

とても人なつこく、餌を何日も与えたわけでもないのに、いつの間にかわが家に居着いてしまったのです。食べ物がほしかったのか人恋しかったのか、私たちに向かって一生懸命に「お手」や「お座り」などの芸を見せてくれます。こんなにしつけられているのだから、きっとどなたかが飼っておられたのでしょう。何度庭の外に追い出してみても、不思議にいつの間にかうちの庭に戻って来てはクンクン鳴いています。

警察や保健所に電話して、「だれか、迷い犬を探している人はいませんか」と尋ねてみても、それらしい人は現れませんでした。子どもたちも、保健所に連れて行かれて処分されるのはかわいそうだと言うので、わが家で飼うことになり、シロと名づけました。

自分から私の家にやって来たシロは、たいへんおとなしく、ほとんど吠えることもないとても性質のいい犬でした。とくに小さい子どもには優しくて、少々しつこいと思われるくらい、「お手、お座り、立て!」と命令されても、一生懸命相手をしてはしっぽを振って喜んでいます。子どもには大人気でしたが、当のシロは疲れてしまうのか、子どもたちが帰ってしまうと、フーッとため息をついたり、グッタリして寝たりしていました。

そんなシロですから、すっかり家族の一員となって、毎日気ままに生活していました。シロと散歩したり遊んだりと、家族もけっこう楽しんで、家の中が少し明るくなったように感じられました。

「シロはどこから来たのだろう?」

私は何度も思いました。シロを見ていると、めぐみさんのことを暗示しているように思えてなりませんでした。めぐみさんが何かの事故に遭って、そのショックで記憶喪失になり、どこかの家で大切に可愛がってもらっているのかもしれない。その家族の一員のように暮らしておられるのではないかしら、と。早紀江さんにそうお話しすると、「そうかもしれないわね」と言って、シロのこともリリーちゃんと同じように可愛がってくださいました。めぐみさんはどこかで、元気に生きておられると考えるだけで、私たちにとっては大きな慰めとなっていたのです。

めぐみさんがいなくなった翌年にやって来たシロが、一九九六年、十八歳の天寿を全うして一年後、「めぐみさんが北朝鮮で生きている」という消息が伝えられました。まるで、めぐみさんの消息がわからない、長い長い年月、私たち一家を慰めるためにやって来たようなシロでした。

千葉への転居

めぐみさんの行方不明という深い悲しみを通して、早紀江さんと私は、同時期にキリストの福音に出会い、神の救いにあずかるという経験をしました。私たちはまるで双子のような感じでおつき合いが続き、どこに行くにもいっしょに行動する機会が多くなっていきました。

海岸を散歩して美しい夕日を眺めたり、買い物に行ったり、母親コーラスに参加して歌ったり。雪の降る寒い日は、おこたに入っていろいろなことをおしゃべりしたり、笑ったりしました。ことに、二人で聖書を読み、祈る時には心まで一体化していくように感じられました。

そんな日々が、五年ほど続きました。

息子が大学に入った頃から、夫は将来のことを考え始めていました。勤務医だった夫は定年退職の時期が迫っており、定年後も仕事ができるようにどこかで医院を開業したいと考えていたようです。

開業場所を探すにあたって、夫はずいぶんといろいろなことを考えたようです。当時、長男は東京の大学に行っており、新潟に帰って来るかどうかわからない状況でした。娘も八三年の春には高校を卒業するので、東京方面の大学に進む可能性もあります。さらに、家は老朽化して、建て替えが必要な時期になっていました。

結局、夫が出した結論は、雪が多く寒い新潟よりも東京方面に移り住んだほうが、これから年老いていく私たち夫婦にとっていいのではないかということでした。あちこち探した結果、気候が温暖で、夫の姉夫婦や私の兄夫婦が住んでいる千葉に移り住むことになりました。

しかし、転居の計画が進むに連れて、私の心はだんだんと沈んでいきました。夫も私も生まれながらの新潟県人で、近くには親戚や友人知人がたくさんいます。その人たちと別れなければなりません。また、「聖書を読む会」の皆さんとの別れ、とくに早紀江さんとのお別れを思うと、身を切られるような悲しみがこみ上げてきました。早紀江さんはじめ「聖書を読む会」の友人も転勤族の方が多いので、いずれはお別れの時が来ると覚悟はしていました。しかし、生粋の新潟県人である私が、どうして真っ先に転居しなければならないのかと、恨めしく思いました。

そんななか、行動派の夫は、どんどんと計画を実行に移しました。千葉市内に土地を購入し、八二年の夏には、移り住むための家が新築されました。

引っ越しは、新潟に寒い冬が訪れる前の十月の末までにすることになり、早紀江さんは毎日のように手伝いに来てくださいました。さすがに転勤族の彼女は手際がよく、どんどんと片づけてくれました。

十月末の引っ越しは無事に済みましたが、私と娘は、高校三年の娘の授業が終わる一月末まで、新潟に留まることになりました。そのために借りたアパートは、前の家よりももっと早紀江さんのお宅に近くなったので、お別れの日まで、残り少ない日々を惜しむように、お互いの家を訪ね合いました。

いよいよ千葉に移る日が近くなったある日、マクダニエルさん宅で、「聖書を読む会」の方々が、私のために送別会を開いてくださいました。共に賛美歌を歌い、楽しく食卓を囲みましたが、毎週の楽しい集まりもこれが最後かと思うと、悲しみが澱《おり》のように心の底に沈んでいくのを感じました。

八三年二月初めのお別れの日。皆さんが、新潟駅まで見送りに来てくださいました。しかし早紀江さんは、「別れがつらすぎるから」と言って来られず、彼女の姿が見えないことでそのつらさが伝わってきて、いっそう寂しい思いになりました。

＊

私が二月に移転してからのしばらくの千葉での生活は、大きな試練の連続で、ほんとうに私の信仰がどれだけのものかが試される毎日でした。

夫はすでにその年の一月から、移転先で皮膚科の医院を開業していました。家の新築と医院開業とで、私たち夫婦にとっては初めて経験する多額の借金を負った生活でした。一方では、新潟の住居と土地を売ったため、容赦なく重たい税金が課せられます。しかも、開業したてで、患者さんは非常に少なく、収入はほとんどない状態だったのです。めったに来ない患者さんを待つばかりの夫は、やり場のないイライラを私にぶつけてくるので、私は、針の筵《むしろ》に座っているような日々でした。

そんな時、早紀江さんはよくお電話を下さって、私の話を聞いては慰めたり励ましたりしてくださいました。今にして思えば、早紀江さんのほうがよほどつらい状態だったでしょうに。その試練の時期を、信仰の友としてしっかりと支えていただいたことを、ほんとうにうれしく感謝しています。電話だけでなく、新潟のおいしいお米まで送ってくださいました。私たちが経済的に困っていた時期だっただけに、よけいありがたく、忘れることができません。

苦しむ私にとって、聖書のことばは大きな励ましとなりました。そして、試練も神さまからの恵みであると感謝できるまでになりました。

その頃、私が励ましを受けた聖書のことばです。

「きょうあっても、あすは炉に投げ込まれる野の草さえ、神はこれほどに装ってくださるのだから、ましてあなたがたに、よくしてくださらないわけがありましょうか。……そういうわけだから、何を食べるか、何を飲むか、何を着るか、などと言って心配するのはやめなさい。……あなたがたの天の父は、それがみなあなたがたに必要であることを知っておられます。だから、神の国とその義とをまず第一に求めなさい。そうすれば、それに加えて、これらのものはすべて与えられます。だから、あすのための心配は無用です。あすのことはあすが心配します。労苦はその日その日に、十分あります」（マタイ六・三〇～三四）

喜びの再会

早紀江さんと、新潟と千葉で離れて暮らしていた期間は、私にとってはずいぶんと長く感じましたが、実際にはほんの数ヵ月でした。私が千葉に転居した同じ八三年の六月、早紀江さんもご主人の転勤で、東京に引っ越して来られたのです。

「めぐみちゃんが、もし新潟の家に帰って来ても、家族が引っ越していなくなった後ではかわいそう」と、早紀江さんは後ろ髪を引かれる思いで新潟をあとにして来られたようでした。

転居先の住所を先に知らせてくださっていたので、一日も早く早紀江さんにお会いしたいと心がはやりました。引っ越されてから二、三日後だったと記憶しておりますが、会いたい一心で、方向音痴の私が、世田谷区の地図を頼りに横田家を訪ね当てたのです。玄関で声をかけると、早紀江さんが出て来られ、私の顔を見てびっくりなさいました。この再会は、ことばでは言いつくせないほどの喜びでした。

それからまた以前のように、時々お互いの家を訪ねたり、美術館や公園で待ち合わせてお会いできるようになったのです。庭に大きなひまわりの花が咲く、夏のことでした。新潟の「聖書を読む会」でごいっしょだった牧野三恵さんが、お友達と早紀江さんの家を訪ねて来られ、みんなで楽しく過ごしたこともありました。

そんな楽しい日々もあっという間に過ぎていき、三年後にはまたご主人の転勤で、早紀江さんは群馬県の前橋に引っ越して行かれました。少し遠くなって寂しかったのですが、同じ関東でもあり、お宅を訪ねたり前橋周辺を案内していただいたりと、交流が続きました。

そして、ご主人の定年退職後、横田家は川崎に定住されることになりました。川崎と千葉は、電車で二時間ほどの距離です。「もう少し近くだといいのにね」と、お互いつぶやきながらも家を訪ね合ったり、東京で会ったりと、一ヵ月に二、三回はお会いしていました。結局、あの世田谷での再会の日から今日まで、私たちは完全に離ればなれになることなく過ごすことができたのでした。

＊

早紀江さんとおつき合いするにつけ、私は、彼女の多才さ、家事の有能さには感心させられてきました。前述した世田谷に移られてすぐ私が訪ねた日も、引っ越しから二、三日しか経っていないのに、家具は所定の場所に置かれ、家の中はほとんど片づいていました。早紀江さんはその時、新しい家に取り付けるカーテンを縫っておられたのです。

お裁縫が得意な早紀江さんは、めぐみさんや下の二人のお子さんたちの可愛い洋服も、ほとんどご自分で縫って着せておられたのです。私が今でも忘れられないのは、めぐみさんの浴衣姿です。めぐみさんが行方不明になる数ヵ月前の夏休みでした。めぐみさんは、早紀江さんが心をこめて縫われた紺地に花模様の浴衣を着て、「新潟祭りの民謡流しを見物しよう」と、うちの娘を誘いに来られました。ちょっと大人びて娘さんらしくなられためぐみさんと娘が出かけて行くのを、「行ってらっしゃい」と送り出しました。あの平和な日が、めぐみさんの浴衣姿とともに、ついこの間のことのように思い出されます。

早紀江さんはまた、さまざまな趣味を持っておられました。しかし、何をしていてもめぐみさんのことは頭から離れなかったのでしょう。優れた色彩感覚ですてきな絵を描かれますが、よく「リボンをつけた、お下げ髪姿の幼い頃のめぐみの絵を描きたい」と言っておられました。また、短歌もたしなんでおられ、めぐみさんを思って詠む短歌は、その悲しみがしみじみと伝わってくるような秀作で、私は読むたびに涙ぐみました。

早紀江さんはもちろん、私も、毎年めぐみさんが行方不明になられた十一月十五日が近づくと、たまらなく寂しく悲しい思いになりました。毎年のように、十一月十五日前後の都合のいい日に早紀江さんをお訪ねして、二人で聖書を読み、お祈りをしました。

「一日も早くめぐみさんを帰してください。いつも神さまがめぐみさんと共にいてくださって、御翼の下にかくまい、健康と安全をお守りください」と。

心をこめて祈り合うと、お互いに大きな慰めと平安を頂くことができたのです。

新潟から世田谷、前橋、川崎と、転居を繰り返す中でも、早紀江さんは熱心に教会に通い、その信仰はますます深まっていくようでした。彼女はどこの教会に所属しても、病気で苦しんでいる方や、試練を受けている方たちを思いやり、その悲しみや悩みを自分のことのように心配していました。そのように、愛をもって人に接する早紀江さんに、私はいつも感動を覚えていました。

マクダニエル夫妻を訪ねて

マクダニエル宣教師ご夫妻によって新潟で始められた「聖書を読む会」が、一九九一年には、東京に帰って来た斉藤眞紀子さん宅でも開かれるようになりました。月一回のその集会には、聖書をもっと深く勉強したい、知りたいという方々が、一人また一人と集まるようになっていきました。そこに集う人たちは、めぐみさんを失った大きな悲しみの中でも、すべてを神さまにゆだねて歩んでおられる早紀江さんのひたむきな信仰の姿勢に心を動かされた様子でした。そして、めぐみさん救出のために、私たちとともに祈ってくださるようになっていったのです。

私も千葉から何人かの方々といっしょに参加していましたが、「遠いので、千葉でも集会を開いてほしい」という声があり、私の家でも月に一回、「千葉・聖書を読む会」が開かれることになりました。早紀江さんは家から遠いのに、ほとんど毎回出席されていました。千葉に新しく集まった方々も、やはり同じように早紀江さんの姿にふれて、めぐみさんのために祈ってくださる方々が起こされていきました。こうして、めぐみさん救出を願う祈りの輪は新潟、東京、千葉と、少しずつ広がっていったのです。

＊

ところで、東京で「聖書を読む会」が始まるより以前の一九八六年、私たちの敬愛するマクダニエル宣教師ご夫妻は、アメリカに帰国されておりました。私たちはとても寂しく思っていたのですが、ご夫妻はその後二回ほど来日されました。そのたびに、私たちは先生とお会いし、楽しいひと時をもたせていただきました。そしてお二人は、

「今度は皆さんがアメリカにいらっしゃい」と何度も誘ってくださったのです。それでは一度……ということになりましたが、早紀江さんはどうしようかと迷っておられるようでした。

横田家では、めぐみさんの失踪後は、「いつ連絡がはいってもいいように」と考え、家族旅行などはしておられなかったのです。たとえ早紀江さんだけであったとしても、十日間も家を空け、しかも外国旅行となるとやはり躊躇しておられるようでした。

めぐみさんがおられた頃は、家族そろってよく旅行にも行かれ、ご一家のとても楽しそうな写真を見せていただいたこともあります。それを見ながら私は、この家族のすばらしい幸せを奪ってしまった何者かに対して、激しい怒りを覚えたものでした。

早紀江さんはずいぶん迷ったあげく、「ここらで気持ちの整理をつけるためにも、キリストの救いに導いてくださったマクダニエルご夫妻をお訪ねするのはいいのではないか」と判断されたようで、アメリカ行きを決心されました。私自身も、夫を一人残して十日間も家を空けたことはなかったので迷いました。しかし、こんなチャンスはもう二度とないと思って、行くことに決めたのです。この時の一行は、早紀江さん、牧野さん、何度もアメリカに行かれた経験のある「聖書を読む会」のメンバーKさん、それに私の四人となりました。

一九九六年六月四日、私たち四人は成田を出発しました。デトロイトで飛行機を乗り換えて、目的のフィラデルフィアまでは合計十五時間ほどの長い空の旅でした。けれども、同じ思いをもつ仲間のこと、楽しい旅路となりました。

フィラデルフィアでは、懐かしいマクダニエルご夫妻の笑顔に迎えられ、「ほんとうに来てよかった！」と喜びがこみ上げてきました。

この時、マクダニエル先生はすでに八十歳を過ぎておられましたが、まだとてもお元気で、私たちを大きなワゴン車に乗せて、夢にまで見たご夫妻のお宅へと連れて行ってくださいました。その町は、軽井沢を思わせるような緑いっぱいの静かで美しいたたずまいで、小鳥やリスまでも私たちを歓迎してくれました。

久しぶりのご夫妻との語らいは最高に楽しく、一同、うれしさもひとしおでした。毎晩、休む前には必ず聖書を開いて創世記を一章ずつ読み、ご夫妻がていねいに解説してくださいました。そのあとは、みんなで心を合わせてお祈りするのですが、まず第一に、「めぐみさんをお守りください」と熱心に祈りました。

ご夫妻は、三つの教会と一ヵ所の老人ホームに連れて行ってくださいました。これらの訪問先へのお土産にと、「千葉・聖書を読む会」のメンバーの方々が、心をこめて千代紙で姉様人形の栞《しおり》をたくさん作ってくださっていました。これを一人ひとりに渡すと、「とてもめずらしい物ですね」と、たいへん喜ばれました。

そして、いずれでも早紀江さんは、行方不明になって二十年も経つめぐみさんのことを話されました。その悲しみの中でキリストに巡り会って救われたこと、聖書のことばによってどれほど慰めと励ましを受けてここまでこられたかということを、皆さんにお話しされたのです。皆さんは涙を流して聞いていました。終わると、「私たちもいっしょにお祈りしますよ」と、早紀江さんのそばによって来て、泣きながら彼女を抱きしめる方もたくさんいました。国籍を超えた愛と祈りの温かさに私たちも感動を覚えました。そして、この機会を与えてくださったマクダニエルご夫妻に、心から感謝しました。

また、せっかくアメリカまで来たのだからと、ご夫妻は私たちをあちこちに案内してくださったのです。アーミッシュの村での一泊、ニューヨーク観光で自由の女神を見たこと、美しい植物園の見学など、夢のように楽しい日々は、生涯忘れることのできない最高の思い出となりました。

祈りは応えられた

一九九七年一月二十一日。

その日、「千葉・聖書を読む会」が私の家で行われ、早紀江さんはじめ七、八人の方々がわが家に集まっていました。この日は初めて参加された方もあったので、早紀江さんを紹介する時、「めぐみさん失踪事件」についてお話ししたせいでしょうか、ひとしおめぐみさんのことが思われた日でした。

他の方々が帰られたあと、最後に残った早紀江さんともう一人の方と私の三人で、いつものようにめぐみさんの安全を祈りました。さらに、「せめて、どこにいらっしゃるのかだけでもお示しください」と、心をこめて祈り求めたのです。

早紀江さんは夕方四時過ぎに帰られましたが、家に着くとすぐにお電話がありました。

「何か、忘れ物でもしたの？」

私が尋ねると、「不思議なことがあったの」と言って、詳しく説明してくださいました。お話によると、これまで何の手がかりもなかったのに、突然、「めぐみさんは北朝鮮に拉致され、今もそこにいる」という消息が伝わってきたというのです。

めぐみさんが北朝鮮にいる！

私は、ほんとうにびっくりしました。同時に、「やっぱり……」と思ったのです。実は、新潟にいた頃から、北朝鮮による拉致ではないかという噂を何度か聞いていたからです。

めぐみさんが行方不明になった翌年、七八年の夏に、福井、柏崎（新潟県）、鹿島と三件連続してアベック失踪事件があり、六人の若い男女が突然、行方不明になっていました。そのほかにもう一件、富山で一組のアベック誘拐未遂事件が起こっていました。この事件の現場に残された犯人の遺留品が、国内では入手不可能な北朝鮮製と思われる物であったのです。

八〇年にこれらの事件が『産経新聞』で報じられると、早紀江さんはすぐに、産経新聞新潟支局や警察へ行って、めぐみさんも同じ事件に巻き込まれたのではないかと問い合わせました。しかしその時は、めぐみさんの場合は前年の十一月であるし、年齢もずっと若い十三歳ということで、関連はないのではないかと言われたそうです。

この頃から、「めぐみさんは北朝鮮によって拉致された」という噂が人々の間でささやかれるようになりました。その後、大韓航空機爆破事件で、日本人拉致被害者の存在がクローズアップされたのです。私は、「めぐみさんがそんな悲しい目に遭っているはずは絶対にない」と願いつつも、心の底の重たい疑問をうち消しきれずにおりました。

それにしても、生きていらっしゃるとわかったのは、大きな喜びでした。わが家の愛犬シロはその前年に死んでいましたが、やはりシロは、めぐみさんがどこか別の所で元気に生きていることを暗示してくれていたのでしょうか。

＊

その後、安明進《アンミョンジン》さんという元北朝鮮工作員で韓国に亡命した方が、「めぐみさんと北朝鮮で会ったことがある」と証言されました。安さんの話によると、彼らの指導教官である「丁」という工作員がめぐみさんの拉致にかかわったのだそうです。この工作員は七〇年代に何回も日本に潜入したことがあるというのです。めぐみさんの事件の日は、彼らが海に向かって歩いていたところをめぐみさんに見られて、自分たち工作員の活動が発覚するのを恐れて拉致したのだと、工作員訓練生たちに話していたといいます。

もっとも、見られたから拉致したというのは嘘だろうと私は思います。なぜなら、私たちが住んでいたあの当時の新潟の海岸は、夜になると真っ暗で、とても女の子が一人で行けるような場所ではなかったからです。ですから、めぐみさんが一人で海岸のほうに行くなど、絶対にあり得ません。おそらく、事件当時に私が見たあの不審な白い車で、帰宅途中のめぐみさんを無理やり拉致したに違いありません。

というのも、あの日、私が見たのと同じような自動車を見た人が、私の知り合いだけでも二人いたからです。

一人は、近所に住む高校生のお嬢さんです。事件の日の夕方帰宅途中に、海のほうから来る不審な二人組の男とすれ違い、不気味な気配を感じながらも数歩行ったところで振り返ったら、なんと、男たちは音もなくUターンしてきて、彼女のすぐ後ろにいたのだそうです。彼女はびっくりして、一目散に逃げ帰ったそうですが、その時、ふだんはあまり駐車している車のない近くの空き地に、一台の白っぽい車が停まっているのを見たとのことでした。

もう一人は、めぐみさんと同じバドミントン部のお友達で、彼女はランニングの時、中学校の北側にある路地に白っぽい車が停まっているのを見たそうです。そこは整形外科の大きな病院に通じる道で、ふだんは一般の車はあまり駐車していない場所だったので、なんとなく気持ちが悪かったと言っていました。

事件当夜、二頭の警察犬にめぐみさんが友達と別れた交差点から先の足取りをたどらせると、そこから真っすぐに横田家のある海の方向に進んだあと、横田家に入る曲がり角の地点で二頭とも立ち止まってしまったそうです。そして、グルグル回るだけでそれ以上は進むことができなかったのです。めぐみさんのにおいがぷっつりと消えていたからです。家まであと三、四分というまさにこの場所で、あの白い自動車に押し込まれて、拉致されてしまったのでしょう。まだ十三歳の少女に対して、なんというむごいことを……。

＊

めぐみさんは北朝鮮に拉致されて、今も北朝鮮にいる。この突然の報せは、横田家にとって天地を揺るがすようなものでした。

まず第一に、マスコミにめぐみさんの実名を出すかどうかの問題で、早紀江さんは眠れないほどに悩まれました。早紀江さんから、「実名を出したりしたら、あの恐ろしい国のことだから、証拠隠滅のために命を奪われてしまうのではないかしら？」と相談を受けても、「聖書を読む会」のメンバーの中でも賛否両論に分かれてしまいました。私たちは、ただただ、最善をなしてくださる神さまを信じて祈るよりほかありませんでした。

結局、横田さんのご主人が、「本名を公表して世論に訴えるとともに、北朝鮮に対しても、『日本はこれだけはっきりとした情報を持っているのだ』と知らしめたほうがよい」と言われたので、実名を出すことに決まりました。

こうして、二月三日の『アエラ』誌と『産経新聞』に、めぐみさんの事件が実名入りで大きく報道されたのでした。早紀江さんは最後の最後まで迷い、苦しんでおられましたが、この勇気ある実名報道が現在の世論の高まりにつながり、日本政府の重い腰を上げさせることになったのですから、これが正しい選択であったことは間違いありません。

「めぐみが北朝鮮にいるとわかったからには、目撃者にお会いして、もっと詳しく聞きたい」と、横田さんご夫妻は同じ九七年の三月十四日に、脱北して韓国に在住する安明進さんに会うため、ソウルへ行かれました。帰国後、早紀江さんはその時の様子を詳しく話してくださいました。その中で、とくに私の心に強く残ったことがらが二つありました。

一つは、たくさんのめぐみさんの写真を安明進さんに見ていただいたところ、ちょっと微笑んでいるめぐみさんの顔が、安さんの知っているめぐみさんにいちばん似ているとおっしゃったということでした。拉致がわかった最初の情報では、めぐみさんは突然北朝鮮に拉致されて、恐ろしく、つらい日々を過ごしていて、日本への帰国の望みが絶たれたとわかった時に病気になってしまった、と聞いておりました。ですから、その後のめぐみさんがどうしておられるのかと心配していたのです。それなのに、安さんがお会いになった頃は、私が知っている、あの懐かしい笑顔のめぐみさんだったということです。驚くと同時に、お母さんである早紀江さんや私たちみんなの切なる祈りに、神さまがはっきりと応えていてくださったのだと心から感謝しました。そして、めぐみさんを守り、平安な思いをも与えてくださっていたのだと、うれしく思いました。

二つ目は、早紀江さんが安明進さんに優しく愛に満ちたことばをかけられたことです。

「安さんは北朝鮮にご両親を残しておられるのですから、私たちと立場は逆でも、同じ犠牲者なんですね。これからは、安さんのご両親のためにもめぐみちゃんのことといっしょに祈らせていただきます」

早紀江さんは、こうおっしゃったのだそうです。彼に付き添っていた韓国安全企画部の方の話によると、安さんは横田さんご夫妻と別れたあと、激しく泣かれたということです。安さんは早紀江さんの思いやりに満ちた愛のメッセージに接し、大きな感動が涙となってあふれてきたのでしょう。

その後、安明進さんは自らの危険をも顧みず、実名と顔を明らかにされ、一日も早い拉致問題完全解決のために、命がけで証言し、活動を続けておられます。きっと、早紀江さんの、立場も国境も超えた愛が彼を突き動かす力となっていると、私は信じています。

めぐみさんが、北朝鮮の工作員によって拉致されたことが、世間一般に広く知られるようになると、「聖書を読む会」以外にも、多くのクリスチャンが関心をもって祈ってくださるようになりました。東京では月に一度、「横田早紀江さんを囲む祈り会」が開かれるようになりました。思えば二十数年前には、十人に満たない者たちで祈り始めたのです。それが、毎月の祈り会を通して多くのクリスチャンの方々とともに熱く祈り、親しく交流をもつことができるようになりました。

私たちに今はわからなくとも、神がしようと計画しておられることが成就するためには、それなりの時間が必要なのだと思います。神さまは曖昧な解決はなさらないのだと確信して、希望をもって祈り続けました。

ワシントンでの集会

アムネスティ・インターナショナル（信仰および政治的信条による「良心の囚人」の救援・釈放活動をする国際組織）のクリスチャンたちが、一堂に会して祈る「インターナショナル・ジャスティス・ミッション」が、二〇〇一年十一月にワシントンで開催されることになりました。早紀江さんは、その三日間の大会にゲストとして招待されました。

この年、アメリカでは九月十一日にニューヨークの貿易センタービルとペンタゴン（国防総省）に旅客機が突っ込むという、同時多発テロが起きたばかりでした。それに引き続いて、ニューヨークでの航空機事故、アフガン空爆開始、炭素菌によるテロ事件発生など、世界情勢が非常に不安定な時期でした。その中で、アメリカのしかもワシントンに行くなど、だれであっても不安を感じずにはいられない状況だったのです。当然、早紀江さんをお一人で送り出すわけにはいかないので、祈り会のメンバーの新美幸子さんと、祈り会からもう一人が同行することになりました。しかし、出発の二週間前になって一人が、「都合が悪くなって、どうしても行けない」と言われました。

私は、もう一度だけお願いしてみようと、彼女に電話をしてみましたが、やはりどうしても行けないとおっしゃるばかりでした。私はがっかりして、「自分が行かないのに、あなたに行ってほしいとは言えませんよね」と言って受話器を置いたのです。するとその時、後ろから「おまえが行かないで、だれに行ってくれと言うのだ」と、厳しい声が聞こえました。びっくりして辺りを見回しましたが、だれもいません。その瞬間、私はハッとしました。

それまで私は、自分は英語も話せないし、こんな者が行っても足手まといになるだけだから、日本にいて早紀江さんたちを祈って支えようと決めこんでいました。自分が「行きたい」とか「行こう」とは、思ってもみませんでした。そんな私に神さまは、「行きなさい!」と、命じておられるのだとはっきりとわかったのです。

さっそく、祈り会のリーダーの斉藤眞紀子さんにお話しすると、「ぜひ、行ってください」と言われたので、私の心は決まりました。

まずは、留守のあいだ家事をしてもらわなければならない娘に相談しました。娘は、「確かにこの時期アメリカに行かせるのは心配だけど、同じように不安をかかえていらっしゃる横田さんにとっては、最初からずっとそばにいて、だれよりも気心が知れているお母さんが付き添うのがいちばんいいと思う。行っておいで」と、すぐに賛成してくれました。

難関は夫です。決意して話すと案の定、「炭素菌の被害が出ているワシントンに行くなんて、とんでもない！」と反対されました。しかし、私ははっきりと、「早紀江さんが行かれるのだから、私も行きます。もしも立場が逆で、拉致されたのがうちの恵美子だったら、早紀江さんは迷わず私といっしょに行ってくださるはずです！」と言い切ってしまいました。夫も、それ以上は何も言いませんでした。

そのあとで、医者である夫は、「もしも、炭素菌に触れるようなことがあったら、これを飲みなさい」と言って、抗生物質を渡してくれました。

「千葉・聖書を読む会」の皆さんは旅の安全を熱心に祈ってくださり、前回、マクダニエル宣教師をお訪ねした時に作った姉様人形の栞を、アメリカでの集会に集まって来る人たちのお土産にと、今回も持たせてくださいました。「自分たちは祈り会に参加できないけれど、思いだけはいっしょについて行きます」と、時間がなかったにもかかわらず、祈りをこめてたくさん作ってくださったのです。

＊

出発日の十一月十五日は、奇しくも、めぐみさんが拉致されてから二十四年目の同じ日でした。成田空港には、「聖書を読む会」の方々や私の所属教会の望月牧師夫妻も来てくださり、感激しました。牧師は、旅の安全と会の成功を、力強く祈って送り出してくださいました。私は、それまで心の底にあった不安がすっかり消え去り、元気いっぱいに出発することができました。

ワシントンに着いたのは、紅葉が美しい穏やかな秋の日で、緊張していた私たちの心を和ませてくれました。集会には、アメリカ全土のみならず、コロンビア、インド、フィリピン、タイ、アフリカ諸国等々、世界中から二八〇名ほどの人たちが集まりました。集会が始まる前には、本やノートなどといっしょに私たちが持って行った栞も、参加者全員に配られました。

初日の夜、歓迎講演をされたジャーナリストのフィリップ・ヤンシー氏が、横田めぐみさんとお母さんの早紀江さんについて話し、全員に早紀江さんを紹介してくださいました。司会者も、「皆さんにお配りした人形の栞には、日本の人たちの祈りがこもっています」と紹介してくださり、日本から参加した私たち三人はちょっとした有名人になってしまいました。

二日目の夜は、三つのグループに分かれて「キャンドル・ライト祈祷会」が行われ、私たちは、ホワイトハウスで祈るチームに入りました。メモリアルタワーの下で、ホワイトハウスをのぞみながら、とくに世界平和のために祈りを捧げました。その晩は星がとても美しい夜でした。早紀江さんは、星空を見上げながらめぐみさんに思いを馳せ、「北朝鮮にいるめぐみが、神さまに守られて平安のうちに過ごせますように。そして、一日も早く無事に救出されますように」と、涙ながらに祈られました。同じチームの方々も、心を合わせてめぐみさんのために熱く祈ってくださいました。

実は、私たちが訪米する前に「救う会」の執行部から、「せっかくアメリカに行くのだから、国務省の南北朝鮮担当の人と面会して来てください」と言われていました。

しかし、「何の準備もなく私たちだけでそのような場所に行って、炭素菌に触れるようなことでもあったらたいへんなので、勘弁してください」と、お断りしていたのです。

ところが、まさにその国務省の南北朝鮮人権問題担当の責任者であるジェーン・M・ゲラーさんというご婦人がこの会に参加されていました。その方は、ご自分からわざわざ私たちのところに来て、「どんなことができるかわかりませんが、拉致問題についても働いていきたいと考えています」と言われたので、私たちはびっくりしてしまいました。

さらに、アメリカ政府の中で弁護士として働いている、若い誠実そうな男性も声をかけてくださり、「めぐみさん救出のため、今は具体的に何ができるかわかりませんが、働きたいと思っています」と申し出てくださったのです。

神さまに、「アメリカに行きなさい!」と命じられて来たこの集会は、まさにこの現代にも生きて事を成してくださる神さまを、まざまざと見せていただくような出来事の連続でした。

この集まりを通して、いろいろな国の多くの方が、「これからも、めぐみさんのために祈りますよ」と声をかけてくださいました。祈りの輪がとうとう世界規模にまで広がってきたのです。

日朝首脳会談

多くの人々の願いもむなしく、拉致問題に何の進展もないままに、二〇〇二年を迎えました。しかし、年が明けてから、少しずつ明るい兆しが見えてきました。

いくつかの動きの中で、「第四回・拉致被害者救出国民大集会」が、めぐみさんが拉致された月である十一月に開催されると決まり、その準備が始まった八月のことでした。思いがけない情報がもたらされたのです。

それは、小泉首相と北朝鮮の金正日総書記との首脳会談が、九月十七日に平壌で行われることになったという、重大なニュースでした。早紀江さんとともに祈ってきた私個人としても、この会談によって拉致問題にどのような進展があるのかと、非常に気がかりでした。

首脳会談が決定してから、十一月に予定されていた国民大集会を、急きょ、小泉首相訪朝の前日である九月十六日に変更して行うことになりました。そして、準備期間が短かったにもかかわらず、雨の中、大勢が集まってくださり、集会はこれまでにない盛り上がりを見せました。「拉致被害者を救出するぞ！」という力強いシュプレヒコールが会場に響き渡るなか、今度こそ被害者全員が帰国できるに違いないと、期待があふれました。

九月十七日は、朝からワクワクしながらテレビに見入って、朗報を待ちに待っていました。横田さんご夫妻が、議員会館に向けて家を出られるところが映し出され、ご主人が、「もうじき、よいお話が聞ける」とにこにこしておられたのが印象的でした。これまで、めぐみさんを見たという情報がいくつもありましたので、私も、めぐみさんはきっと無事に違いないと、画面に見入っていたのです。

金正日はあっさりと拉致を認めて謝罪しましたが、それに続く拉致被害者についての発表は、「五人生存、八人死亡」というあまりにも衝撃的で残酷なものでした。しかも、死亡と伝えられた中に、めぐみさんの名前もあったのです。一瞬、頭の中が真っ白になり、呆然となりました。

「神さま、なぜですか。嘘でしょう！」

私は混乱する頭の中で、あんなに信じ続けてきた神を否定する思いにすらなりました。やがて、被害者家族の合同記者会見が始まりました。皆さん沈痛な面もちで、早紀江さんが、同じく死亡と告げられた有本恵子さんのお母様の肩をいたわるように抱いていらっしゃる姿が何とも言えませんでした。

横田さんのご主人は、涙に暮れながらも、「生存と伝えられたご家族は、私たちに遠慮しないで、どうぞ喜んでください」と、優しい気遣いをしておられるのにも胸が熱くなりました。

それを見ていて、このご夫妻が家族会の代表者であることの深い意味を、私は受け止めました。ご主人の皆さんへのお気遣いとともに、早紀江さんの信仰に裏打ちされた深い愛と思いやりが、同じ悲しみをもつ家族会の方々に浸透していったのではないかと思われました。それこそが、これまでも、これからも、一つの大きな家族とも言える家族会が団結し、結束してこの難しい問題に立ち向かう原動力ではないでしょうか。

それにしても、「めぐみさん死亡」の発表はショックで、私の心はすっかり萎えてしまい、心の中にぽっかりと大きな穴が空いてしまったようでした。つらくて、悲しくて、寂しくて、聖書を読んでも満たされず、むなしい思いで涙があふれてきました。

「横田さんご夫妻を、どのようにお慰めしたらいいのか、神さま、よい知恵をお与えください。ご夫妻に、天上から大きな慰めと励ましが与えられますように」

一心に祈りながらも、さまざまな思いがめぐり、その夜はあまり眠れませんでした。

翌朝、さっそく早紀江さんから電話がありました。

「眞保《しんぽ》さん、めぐみは死んでなんかいないからね。元気を出してね」

早紀江さんから逆に励まされ、私は自分が恥ずかしくなりました。そのとおりです。これまで嘘を言い続けてきた国の指導者の言うことです。自国民でさえ、多くの餓死者を出しても心を痛めることもなく、それを利用して人道支援を要請する手段にしてしまうような人物です。真実など言うはずがありません。

朝鮮半島に真の平和がもたらされるまで、神さまが先立って戦ってくださるので、私は、その日が一日も早く来るように祈り続けようと力がわいてきました。

「彼らを恐れてはならない。あなたがたのために戦われるのはあなたがたの神、主であるからだ」（申命記三・二二）

＊

大きな悲しみによるショックののち、思いがけない驚きと慰めがありました。めぐみさんの娘と思われるキム・ヘギョンさんが平壌で暮らしていることがわかったのです。初めは信じられない思いでびっくりしましたが、ＤＮＡ鑑定の結果、間違いないことがはっきりしたのです。

しばらくして公開された写真を見ますと、めぐみさんよりもむしろ早紀江さんに似ていましたが、どこかめぐみさんの面影のある可愛らしいお嬢さんでした。年齢も、めぐみさんが拉致された年齢に近い十五歳で、とても明るく聡明なお嬢さんでした。すぐに会いに行くことはかないませんが、横田さんご夫妻にとって、どんなにか大きな慰めとなったことでしょう。

気丈な早紀江さんは、「私たちが捜しているのは『横田めぐみ』であって、その娘ではありません。めぐみの消息がわかるまでは闘い続けるつもりです」と言われましたが、内心、どれほどヘギョンさんにお会いしたいことでしょう。でも、今ヘギョンさんと会ってしまえば、北朝鮮は「これで拉致問題は解決した」と幕を引いてしまうに違いありません。私は、一日も早くこの問題が解決して、めぐみさんご自身がヘギョンさんを連れて帰って来られる喜びの日を夢見て祈り続けようと、再び決心したのです。

＊

日朝首脳会談の翌月の十月十五日。北朝鮮の、重い重い扉がほんの少し開いて、生存と伝えられた五人の方々が帰って来られました。当日、政府専用機から降りてこられる様子を見ながら、私は、理屈ではわかっていても、その中にめぐみさんの姿がないという寂しさが胸に広がるのを、どうすることもできませんでした。どうして、あの後ろからめぐみさんも降りて来てくれないのだろうか……と。

「お帰りなさい」の横断幕を持って、横田さんご夫妻は他の家族会の方々とともに笑顔で迎えておられました。しかし、きっと心の奥底では寂しい思いもおありなのだろうとお察しすると、心が痛みました。横田さんのご主人はカメラマンになって、劇的な再会の場面を撮影しておられました。その姿に、私は何とも言えない深い感動を覚え、いっそうめぐみさんの一日も早い救出を願わないではいられませんでした。

横田さんご夫妻は、北朝鮮のでたらめな報告に心を痛めたり、落胆したりしている時間もないほど、ますます過密なスケジュールをこなす日々となりました。各地で講演をされたり、政府に働きかけたり、おびただしい数の取材に応じたりと、息つく暇もないくらいです。毎日のようにテレビに映し出されるお二人を見ながら、「ご夫妻の健康が守られますように」と、祈るほかは何もできない自分が申し訳なく、歯がゆく思いました。

＊

拉致被害者救出のための日朝交渉は膠着状態が続いたまま、二〇〇三年を迎えてしまいました。この状態を打開すべく、家族会のメンバーは三月にはアメリカ、四月にはスイスに渡って訴えることになりました。

早紀江さんも、めぐみさんの弟の拓也さんらとともにジュネーブの国連本部に行かれることになりました。私はどうしてもお見送りに行けなかったのですが、「千葉・聖書を読む会」の仲間が二人、成田空港まで見送りに行き、空港で早紀江さんといっしょに祈りました。

これまでの過密スケジュールや、時差などに苦しみ、疲労困憊だった早紀江さんでしたが、帰国後、「スイスの美しい山々や湖を眺め、花の香りがする空気を吸うことで疲れがいやされ、慰められた」と話してくださいました。

今、思うこと

昨年の秋、東シナ海で海上保安庁の巡視船との銃撃戦で沈没した北朝鮮の不審船が、東京湾にある「船の科学館」で一般公開されました。被害者家族のお一人、蓮池透さんは、「北朝鮮の悪の象徴としてこの船を見てもらいたい」とおっしゃっていました。「聖書を読む会」でも、みんなで行って、この目で不審船を確かめようということになりました。しかし、あとになって早紀江さんから参加辞退のお手紙が届きました。

手紙には、「あの船底にめぐみが閉じこめられていたと思うと、心がずたずたになります。皆さんだけで、ご都合がいい時にいらしてください」とありました。私は、なんと心ないお誘いをしてしまったのだろうと申し訳なく、心が痛みました。考えてみると、私もやはり、正常な神経では見に行くことはできないだろうと思いました。

テレビや新聞で、不審船の構造が明らかにされました。外見は普通の船のように見せかけていますが、高速で走れるように大きなエンジンが備え付けてあります。さらに、ぎりぎりまで船体を軽くする目的で、船底はペコペコするほど薄い鉄板でできているそうです。船の後部は観音開きになっていて、そこには上陸する時に使用するボートが入っており、これにも大きなエンジンが付いているそうです。

めぐみさんが拉致された日、暗くなった七時頃に「ドンッ！」という大きな音がして、障子戸がガタガタと鳴ったことを思い出しました。あの時の異様な不安と恐れの感覚が甦ってきたのです。まさに、めぐみさんを拉致して乗せたボートが発進する時にこのエンジンから出た、大きな発動音だったのだろうと思われました。

＊

世界の目もだんだんと北朝鮮に集まり、国際世論が高まってきました。二〇〇三年六月に開かれたエビアン・サミットでも拉致問題が取り上げられ、各国からの理解と協力の約束を得ました。また、プノンペンで開かれた、東南アジアのアセアン・フォーラムでも、川口外相が拉致問題の解決に理解を要請しました。いよいよ、この国に対する包囲網が狭まってきているのです。

しばらく前に、早紀江さんとこれらのことについて話し合いました。

「あなたがたが、アメリカや国連などで一生懸命に提訴したり陳情した成果が上がってきているのね」と、私が言いますと、早紀江さんは答えて言われました。

「支援してくださる方が神さまから知恵を頂いて、それぞれ適切な場所に陳情に行くように指示してくださった結果なのよ。旧約聖書で、イスラエルの民が出エジプトをした時に、神さまが昼は雲の柱、夜は火の柱となって民を導いてくださったとあるでしょう。北朝鮮は闇だから、神さまは火の柱になって導いてくださっているのよ」

私もほんとうにそう思いました。

早紀江さんは、日本人拉致被害者だけでなく、韓国にも大勢いる拉致被害者の救出のためにも働いています。多忙でお疲れのなか、韓国の拉致被害者家族支援のために韓国に出かけられました。

また、北朝鮮の残忍きわまりない政治弾圧と飢えに苦しんでいる多くの国民のこともいつも心配されています。北朝鮮への米支援に反対をした時に、「被害者家族は自分の子どものことしか考えていない」と非難されたことがありました。ほんとうに飢えに苦しんでいる人々のもとに食糧が届けられるなら、どうして反対などするでしょう。金正日ら幹部を肥え太らせ、軍備の拡張につながり、人々の苦しみを長引かせるからこそ、反対しているのです。

＊

私は二十六年前、早紀江さんと出会い、共にキリストの救いにあずかり、聖書のことばによって励まされ、慰められて歩んでくることができました。そのことを、互いにいつも深く感謝しています。主イエスは、あの悲しみのどん底にあった早紀江さんや私たちに、「(めぐみさんのことは)神のわざが現れるため」と、最初に約束してくださいました。

「今まであなたを支えてきたものは、何だったのですか?」

『朝日新聞』のインタビューに答え、早紀江さんはこう言われました。

「それは、聖書に出会ったことです。おかげで、神の目を通して、小さな世界と大きな世界を見られるようになりました」

神のご計画による大きな世界に望みをおいて、現実の小さな世界をも見つめ、最善を闘い抜き、神のわざが現れる日を待ち望みつつ祈りたいという意味だと私は受け止めました。

「あなたの道を主にゆだねよ。主に信頼せよ。主が成し遂げてくださる。主は、あなたの義を光のように、あなたのさばきを真昼のように輝かされる。主の前に静まり、耐え忍んで主を待て。おのれの道の栄える者に対して、悪意を遂げようとする人に対して、腹を立てるな」（詩篇三七・五〜七）

2
宣教師館の小さな集いから

横田早紀江さんと「聖書を読む会」を
通して知り合った友人

斉藤眞紀子

聖書を読む会

「絶対、何もない、いつ死んだかもわからないような、そんなことを信じることはできません。私たちが力を合わせて闘ってきたことが、大変なことを明るみに出しました。これは日本にとって大事なことです。北朝鮮にとっても大事なことです。めぐみはそのために犠牲になり、使命を果たしたと思います。

どうか拉致され、放置されてきた日本の若者の心を思って報道してください。いずれ、人は皆死んでいきます。めぐみはほんとうに濃厚な足跡を残していったと思います。ほんとうに、めぐみのことを愛し、いつもいつも呼び続けてくださった皆様に、また祈ってくださった皆様に心から感謝します。私は、まだめぐみが生きていることを信じ続けて、闘ってまいります」

二〇〇二年九月十七日、この早紀江さんの合同記者会見でのことばを、夫の国際会議に同行していた私は、スイスのホテルで聞きました。東京から息子が録っていたビデオを電話で聞かせてくれたのです。めぐみさん死亡という第一報が入った時には、私は目の前が真っ暗になり、大切にしていた指輪をなくしてしまったほど気が動転していたのですが、この早紀江さんのしっかりとした声を聞いた瞬間、思いました。これは、早紀江さん自身の力を超えたものによって支えられている、と。

後になって早紀江さんは、「あの時は、気が変になりそうだった。自分が何を言ったのか覚えていないのよ。ただ、ここで泣き崩れている姿を金正日が見たら終わりだと思って、マイクを取ったの」と言っています。

果たして、彼女のことばが空気を変え、北朝鮮が出した八人死亡の情報は信憑性を疑われるようになり、再び、ご主人の横田滋代表をはじめとする家族会の必死の闘いが始まったのでした。

その日からしばらく経った十月半ば、早紀江さんは私にこんなお葉書を下さいました。

「主の御名を崇《あが》めます。ご心配をおかけしています。主が実に細やかに一つ一つのことを成されていることを思いつつ、多忙の日々守られています。背後のたくさんのお祈りが天に届いていることも思わせられ、主を賛美いたします。皆々様にくれぐれもよろしく。これからも次々と主のみわざが現されてゆくことと思っています。感謝を込めて」

さらに、十二月にはこんな手紙が届きました。

「たくさんのお心遣いとお祈りを頂き感謝です。その中で今年も無事に立ち続けることができました。心の内側に主に住まわっていただき、いつもその場に目を向け問いつつ歩ませていただきました。教会生活もほとんどできなくなり、学ぶ時も少なくなり、やっと祈りだけが、朝夕少しだけ続けられる状態です。

今年は激動の年となりました。めぐみのことは闇のまま少しも変わりませんが、キム・ヘギョンちゃんの出現により、めぐみが北朝鮮に住み、ある時期ふつうに暮らしていたことは実証されました。不思議な人生です。……主と共にいなかったらどうなっていたことでしょう。聖書を読む会にも出られなくなり残念です。早く皆様とお会いできればと願っています。『恐れるな。たじろぐな。わたしがあなたの神だから』(イザヤ書四一・一〇)」

＊

一九七七年十一月十五日。この日、「めぐみさん拉致事件」、今だからそう名づけられる出来事は起こりました。当時、私も新潟に住んでおりました。

翌年になって、雪がちらつく春まだ浅い頃、早紀江さんは眞保節子さんとともに、マクダニエル宣教師夫人が開いていた「聖書を読む会」に来られました。この会は、「新潟婦人ランチョン」という宣教師夫人たちと何人かのクリスチャンが主催する昼食会に参加した方々に、聖書を知ってもらおうと行っていたものでした。毎週水曜日の午前中、宣教師のお宅に、ご近所の婦人たちが集っていました。私はバスで五十分ほどかかる所に住んでいましたが、宣教師夫人を手伝うためにその会に加わっていました。

「聖書を読む会」に岡田恭子さんというクリスチャンのメンバーがいました。めぐみさん行方不明事件が起きてまもなく、岡田さんたち校区内の補導部員のお母さんたちが集まって、地区の問題としてどのようにしたらよいかと相談していたそうです。

岡田さんはその中の一人の方に「あなた、クリスチャンでしょう」と言われ、そのことばとともに、行方不明のお嬢さんのお母様、悲しみと嘆きの中にいるであろうその方をどういうふうに慰めることができるか、どうしたら気持ちが動揺している時に冷静に考え、平安な気持ちになれるか一晩考え、祈り続けたそうです。そして、やっぱり聖書しかないと思ったのです。

彼女は横田早紀江さんを訪ね、初対面であったにもかかわらず臆せずに、持っていた自分の分厚い文語訳の聖書を差し出しました。「これをお読みください。しるしのあるところをね」と言って手渡した聖書には、何ヵ所かしるしがしてあり、旧約のヨブ記のところにもありました。これが、早紀江さんが聖書に出会うきっかけとなったのです。そして、彼女はそのヨブ記から読み始めたそうです。

こうしたいきさつで、早紀江さんも加わって、私たちは「聖書を読む会」で共に学ぶようになりました。婦人ランチョンでもごいっしょに奉仕しました。早紀江さんはやがて、当時マクダニエル宣教師が責任を持っておられた日本同盟基督教団・五十嵐キリスト教会の礼拝に出席されるようになりました。私たち家族もこの教会に通っておりました。

早紀江さんの胸のうちは、私たちではとうてい推し量ることのできない苦しみでいっぱいでした。「聖書を読む会」の帰りの途々、早紀江さんはよく、「もう死んでしまいたい」とか「どうしたら死ねるのか」ということを言わない日はないぐらい、口にしました。ある時は、「自分の育て方が悪かったのかもしれない。めぐみちゃんはどこにどうしているのかしら、どこへ行ってしまったのかしら。死ぬには薬がいいかしらね、それとも雪山で……」などと言うのです。私たちは何と答えていいか、ほんとうに困りました。

新潟の長い冬は、厳しい寒さとの戦いです。そんな日は、「めぐみちゃん、寒くしてないかしら」と、またある時は、「あの子、生理で困っているのでは」などと年頃の娘を持つ母親の心配は尽きず、いっそ死んでしまいたい気持ちだったろうことを思います。傍にいた私でさえ、そのつらさに胸がつぶれる思いでした。

当時、小学生だった私の娘が、「ママ、横田さんのおばちゃんに、イエスさまがいらっしゃいと言われるまでは天国に行ってはいけないって話してあげてね」と言っていたことを思い出します。子どもの眼にさえ、彼女の苦悩はそれほど深く映ったのです。

私は、めぐみさんの行方不明について、どこという場所は想像できませんでしたが、だれかに連れ去られたのではという思いを、当時から、ずっと拭いきれないでいました。

そのような日々ではありましたが、宣教師夫妻の包み込むような温かさや、周囲の励ましに支えられ、早紀江さんは少しずつ元気を取りもどしていかれたように見えました。めぐみさんの双子の弟さんたち、拓也君と哲也君を連れ、日曜日には礼拝に来られる回数も増えていきました。

今でこそ周囲にたくさんの住宅が建ち並び、すっかり様変わりしていますが、その頃の五十嵐キリスト教会は、まるで「大草原の小さな家」の風景を思わせるような原っぱの中にあって、裏には小高い林が続き、さらにその先は日本海の砂浜でした。その辺りでまだ泳ぐこともできました。

冬の日には、怒り狂ったような大波が押し寄せる日本海、キラキラと光り輝く春の陽を乗せてくる日本海、飽かず眺めた、大きな真っ赤な太陽が沈む日本海。その日本海で何が起きたのか、どんな恐ろしいことが行われていたか、当時の私たちにはまったく想像もできませんでした。

まだ小学生の拓也君、哲也君はどうしているかしら。大好きなお姉さんが突然いなくなったお家でどんな思いでいるのかしら。この原っぱでキャッチボールでもしたらどうかしらね、と私たちは考え、その頃、オーストラリアから来ていた若い宣教師が自分の車で迎えに行ったりしたこともありました。横田さんのお宅から教会までは少し遠かったのです。

＊

さて、宣教師夫人から、自分は日本語の細かい部分がわからないので手伝ってほしいと言われ、「聖書を読む会」のリーダーを任された私でしたが、これが毎週毎週、水曜日の午前に一年を通して続けられていくとなると、一介の主婦に過ぎない者につとまるわけがありません。当時、まだ現役の牧師だった私の父に、「ゆめゆめお前に人を導く力があるなどと思ってはいけないよ」と一度ならずさとされていました。火曜日の夜になると、開いた聖書の上に突っ伏して、「主よ、私にはできません」と泣きました。「自分にはできませんから、神さまご自身が働いてください」と祈るしかなかったのです。

真冬ともなると、出席者ゼロという日も珍しくありませんでした。そんな日は、宣教師夫人と二人で婦人たちの名前を一人ひとり挙げて祈りました。宣教師ご夫妻が休暇で帰国したことも何度かありましたが、その時は、宣教師館のすぐ近くに住んでいた眞保さんのお宅を借りて続けました。そのようにして、「聖書を読む会」を通じクリスチャンになった婦人たちは、今日までに十数名にのぼります。

早紀江さんは、日銀に勤めておられたご主人の転勤に伴って、一九八三年に新潟を離れておられましたが、八四年五月に五十嵐キリスト教会においてマクダニエル宣教師より洗礼を受けました。その年は、めぐみさんが二十歳の成人を迎える年に当たっていました。私は、彼女の受洗がどんなにうれしかったことか。今でもその感激を思い出します。

洗礼式直後に下さった早紀江さんの手紙には、

「主の聖名を讃美いたします。その節は有り余るほどのお心遣いを戴きまして、本当にありがとうございました。感謝と喜びの中に、皆様とともに頂いた夕食の美味しさは一生忘れることができません。……一人ひとりが時を得て主に導かれますよう、ただ祈るばかりです。神さまから戴きました賜ものを、どうか神さまのために私なりに用いさせていただけるよう祈りつつ、主の導きを願っております」

とありました。

牧師の家庭に

少し話はそれますが、このように語っている私がどのようにしてキリスト信者になったか、お話しさせていただきたいと思います。私は、東北の牧師家庭に生まれ育ちました。終戦の年に、国民学校二年生だった私は、戦時中のキリスト教迫害の時代、子どもながらに信仰をもって生きることの厳しさを感じていました。

銀行員を辞めて伝道者の道に献身した私の父は、大勢の家族を養わなければならず、町から借り受けた開墾地を耕しては、ジャガイモやトウモロコシを植えて、その収穫を待ちましたが、あまりうまくいかなかったようです。私もよく父の自転車の後ろに乗って、種芋植えや水やりの手伝いに行きました。子どもの眼でそこがどのくらいの広さかわかりませんでしたが、父と私しかいなくて、カラスがカアカアと飛び交うなか、山の端に沈む大きな太陽を眺めながら、「ああ、お腹がすいた」と幾度思ったことでしょう。

母方の祖父は、明治の時代に宣教師によってキリスト者となり、仕事のかたわら自宅を開放して、日曜学校や家庭集会などをやっていたようです。日曜日の午後になると、町内にお知らせする係は子どもだった母たちの役目で、「これから日曜学校が始まります」と言って、昔学校の用務員さんが鳴らしていたような鐘を鳴らしながら近所を回ると、男の子たちが出て来て、「やあい、ヤソ、ヤソ」とはやし立てたそうです。「だから、学校の勉強やお掃除はがんばったの」と、母が遠い昔を思い出して語っていたことを記憶しています。

カナダミッションが開校した学校でキリスト教幼児教育を学び、教会付属の幼稚園に勤めていた母は、温暖な地から気候の厳しい東北の地に嫁いで来て、やがて戦争を迎えたのでした。戦争も末期になって、憲兵がいつどこで眼を光らせているかわからなくなった時も、窓ガラスに目張りをして明かりの洩れるのを厳重に防いで、父と母は地下室で礼拝を捧げていました。牧師会を行う時はほんのわずかのお米を各自が持って集まっていたのでしょう。リュックにお米を入れた母が、父に「ここに入れたからね」などと言っていたことや、ゲートルを巻き、丸刈りの頭に戦闘帽を被って、リュックを背負い、「気をつけろよ」と言って出かけた父親の姿も思い出します。

ともかく、日本中どこも貧しく暗い時代でした。しかし戦争が終わって、何よりも、明るい場所で自由に礼拝ができることの喜びを、当時のクリスチャンたちは、大人も子どもも味わったことでした。とりわけ私は礼拝が大好きでした。日曜日の朝、きょうはこれから礼拝が始まると思うだけでも、何かわくわくするような気分になるのです。活気のある朝の礼拝も、そして、人は少ないけれど、ほんとうに神さまが共にいてくださると実感できる静かな夕べの礼拝も好きでした。

両親の信仰によって、私は生後三ヵ月目に当時アメリカから派遣されていた牧師により、しかもその牧師による最初の日本人受洗者として、幼児洗礼を授けられました。やがて一九四九年、中学一年の時に、「これからイエスさまに従っていきます」と自分の意思で信仰告白をして信徒按手を受けたのです。父の字で、「げに信仰と希望と愛とこの三つのものは限りなく在《のこ》らん。而《しか》して其《そ》のうち最も大いなるものは愛なり。コリント前書第十三章十三節」と記した聖書をもらいました。それとともに、人には言えない辛苦をなめてきた母が、いつも聖歌を歌っていた明るい声も、心の中にもらいました。

私はのちに礼拝音楽を学びましたが、若い時代にお世話になった牧師に、結婚の時、「眞紀子さん、しわくちゃなおばあさんになるまで奏楽の奉仕をしなさいね」と言われました。相当しわくちゃになっている今日まで続けてこれたのは、何にもましてうれしいことです。

それぞれ散らされて

話を戻しますが、「聖書を読む会」のメンバーで、私たちと違って、ずっと新潟に在住し、しかも広い敷地にどっしりとした純日本風の屋敷に住んでいらした眞保さんご一家が、八二年に千葉に転居されることになろうとは思ってもみないことでした。続いて早紀江さんが、さらには牧野三恵さんも、それぞれご主人の転勤で新潟を離れて行くことになりました。

そのうえ、私たちにとっては親のような存在であったマクダニエル宣教師夫妻とまでも、お別れをしなければならなくなったのです。ダニエル先生とペギー先生（私たちはそう呼んでいました）ご夫妻は、その人生の働き盛りのほとんどを日本での宣教のために捧げ、新潟では一九五四年以来、三十年以上働いてこられました。おふたりは将来のことをいろいろ考えた様子でしたが、足腰が弱らないうちにと決心して、八六年にアメリカに帰国されることになりました。

新潟はカッコウの鳴く声とともにニセアカシアの咲き香る五月頃が、最もすばらしい季節です。しかし、砂地の焼けるような酷暑の夏、今にも真っ黒な雲が落ちてきそうな冬の空、湿った雪、日本海からの大暴れの風。ほんとにひどいお天気と私は文句ばかり言っていたものですが、ダニエル先生はどんなお天気の時も、「これはニイガタらしい天気よ」と言って聖歌を口ずさみ、人が困る前から手を貸しました。

こんなことがありました。五十嵐キリスト教会の最初の頃の会堂にはまだしっかりした暖房設備がなくて、床はコンクリートだったものですから、それは寒かったのです。ある日、ダニエル先生はアメリカ駐留軍の使っていた大きな石油ストーブをトラックで運び込んで、ほとんど全部ご自分で取り付けられました。ああ、やっと暖かくなったね、と皆大喜びでしたが、残念なことに大風の吹く日は風向きによって煙が逆流し、傘をさして礼拝したこともありました。

また、私の家は教会のすぐそばでしたから、日曜日のお昼、家で何か作っては運んでいるのを先生はご存知でした。ある日先生は、クッキーなら一度に二百枚は焼けるぐらいの大きな中古のオーブンを運んで来て、据え付けられました。びっくりしながらも、飛び上がるほどうれしかったのを思い出します。オーブンの下にもぐって点火すると、火がものすごい勢いでボーンと全体に広がるので、使う前から窓を開け、爆発しないようにハラハラしながら使わなければなりませんでした。でも大勢の会食や、クリスマス用のハムローフを何キロも焼く時など、大いに役立ちました。

このようなことはほんの一例で、ダニエル先生は、私たちだけにではなく、どなたにも分け隔てなく親切にされました。そして、どんな所もいとわず、にこにこ顔でトラックを運転しては新潟県下にいくつもの教会を建てていかれました。

宣教師館の台所には大きな冷蔵庫があり、その扉にローマ字で書いた日本語の聖句を貼りつけ、毎日毎日、覚えておられました。それも、最初の頃は文語訳で、のちには口語訳になったのですから、それはたいへんなことだったと思います。それを見る時、私はまことに、わが身の努力の足りなさに恥じ入るばかりでした。

これほどまでに、日本の国を、日本人を愛したダニエル先生は、終戦の年にアメリカの海兵隊として佐世保に来られました。日本の惨状を目の当たりにしてショックを受け、これはどうしても日本にイエスの愛を伝えなければと、アメリカに帰国してから神学校に学び、宣教師として、家族とともに再び来日されたのでした。日本での宣教の最中に、長男バービー君を白血病で亡くされました。バービーのお墓は軽井沢にあります。

新潟を離れる前に、夫人は私に言いました。

「新潟での最後の何年か、この二葉町（夫妻が住んだ町）のご近所の方たちにイエスさまをお伝えすることができて、ほんとうに感謝でした」

思えば、その「最後の何年か」に拉致事件が起こり、「ご近所の方たち」の中に横田早紀江さんも含まれていたのです。

＊

私たちはちりぢりになってしまいましたが、その後も主キリストにある姉妹として連絡を取り合い、励まし合い、めぐみさんのことを祈り合っていました。

一九九〇年、今度は私が夫の転勤で、およそ二十五年も住んだ新潟を去り、東京に帰って来ることになりました。それで、ほどなく「聖書を読む会」を再開することにしました。新潟から東京、そして前橋を経て、ご主人の定年退職後、川崎に居を定めた早紀江さん、千葉の眞保さん、そして大阪に行っていた牧野さんも東京に移って来て、再び、みんなが集まれるようになったのです。

私たち家族と同居していた義母や他の友人たちも加わり、月一回わが家での「聖書を読む会」が始まりました。そして、この会とともにめぐみさんのための祈りは続けられていったのです。すでにめぐみさんが消えたあの日から、十四年という月日が過ぎていました。

時には、川崎の横田家に集まって祈ったこともあります。いまだ、何の手がかりもないめぐみさんの消息に思いを馳せながら、「神さま、あなただけがご存知のめぐみさんの行方を教えてください」「どこで、どのようにしているのか、私たちはそのために何をすべきでしょうか」「めぐみさんが見つかるまで、ご両親の健康を守ってください。そして、私たちにも祈り続ける力を下さい」と祈りました。

驚くべき事実

早紀江さんが、著書『めぐみ、お母さんがきっと助けてあげる』(草思社刊)で書いているように、もはやすべて神の御手にゆだねるしかない、これからのことも考えて堪えていかなければならない、という思いにようやくなりかかった頃の一九九七年一月二十一日、行方不明になってちょうど二十年後、めぐみさんが北朝鮮にいるとの情報がもたらされたのです。「青天の霹靂《へきれき》」と彼女自身も書いていますが、まさに私たちにとっても同じ思いでした。

このニュースが広まるや、テレビ、新聞、雑誌などの報道記者たちが横田家へ押し寄せ、早紀江さんは、めぐみさんを巡って取材攻めに会うことになりました。また二十年前のあの日のことから始まって、思い出すのもつらい日々のことを幾度となく繰り返し答えなければなりません。中には、早紀江さんに対して母親の悲しみを誘おうとするかのような質問もあって、彼女としては涙も涸れ果て、それどころではないという心境でしたが、全国の人々にこの事件を知ってもらいたい一心で、取材を受けていかれました。

また、「横田めぐみ」という実名を出すかどうかについても、早紀江さんは非常に悩まれました。その時の顔面蒼白となっていた早紀江さんを覚えています。実名を出すことによって、めぐみさんに危害が加えられてはと、それは心配したことでした。私たちも母親として同じ思いです。でも、実名を出さないことによって、問題は何も解決しないということも事実です。途方に暮れ私たちは、「神さま、今こそ最善をなしてください」と心を合わせ祈るしかありませんでした。

九八年二月六日付の早紀江さんからの私信には、

「主の御名を崇めます。すごい戦いの中におります。昔の私でしたら、三十分ともたない忍耐を、この二十年で主に育てていただいたことを思います。詩篇六二より力を頂いています。主人は取材の応対で全力を出し切り、今風邪と疲労で弱っています。明晩から取材に新潟へ二泊で出かけ、十四日は、新潟から来てくださる陳情団の方と一緒に、外務省、赤十字、アムネスティ、衆院参院へまいります。人生を主にゆだね、生きるも死ぬるも主のなせることです。取り急ぎ……」

その後の私信には、

「政府の様子が細かくわかりましたが、もっと早く一つ一つの段階で教えていただけたら、どんなにか発言もしやすく、活動もしやすいことかと思いました。いろんな方々の中で、いつも真ん中にいることの難しさを思います。世間にうとい私どもには本当に大きい重荷ですが、イエスさまの足跡を思いますとき何も言えません。どうぞお祈り下さいませ」

このようななか、全国規模で、北朝鮮に拉致されためぐみさんたちを救出する会が立ち上げられ、早紀江さんの手紙が示しているように、外務省、法務省、日本人権擁護局、国会、赤十字などを毎日のように訪れ、全国規模で始められた救出を求める署名活動に出かけました。また、各地から寄せられる激励に対する返礼など、律儀な横田夫妻は眠る間も惜しんで働かれました。そのうち、拉致された方たちの家族が「北朝鮮による拉致被害者家族連絡会」（家族会）を結成し、ご主人の滋さんが代表に選ばれたので、お二人はますます多忙を極めることになりました。

「前のように日曜礼拝に出て、婦人会やお掃除当番ができる日に戻れたらと思うわ。そういう当たり前のことがどんなに大切だったか、今になって考えるのよ」

と早紀江さんが洩らしたことがありました。それである日、何とか時間をとってもらい、精神的な渇望の中にある早紀江さんを、眞保さん、牧野さんと私で、お茶の水クリスチャンセンターで行われていた本田弘慈先生の祈祷会にお連れし、励ましていただいたこともありました。

「横田早紀江さんを囲む祈り会」の発足

さて、この拉致問題はちょっとやそっとで動くような問題ではないということが、だんだん私たちにもわかってきました。私たちは二十年以上も早紀江さんとともに祈ってきましたが、もっと多くの信仰の仲間にこの事実を知ってもらい、祈ってほしいと思いました。個人的な被害を超えた、国家の問題につながるとてつもない大きな問題が解決されるためには、神の御手にすがるしかない。たとえ政治問題に絡むことで主義主張の違いがあるにしても、教会教派を超えてクリスチャンたちが集まって、全能の神に共に声を上げて祈ること、今私たちにできることはこれしかない、と思ったのです。

私の心のうちにちょろちょろ燃えていた火がだんだん大きくなってきた頃、早紀江さんの友人、知人に私宅に集まってもらい、韓国・北朝鮮地域研究が専門でいらっしゃる西岡力先生に拉致問題について話をしていただきました。西岡先生は、東京基督教大学の教授で、現代コリア研究所主任研究員でもあり、現在は、「北朝鮮に拉致された日本人を救出するための全国協議会」（救う会）の副会長も務めるクリスチャンです。西岡先生は、救う会の講演会などで、集会が始まる前によく早紀江さんと祈り合っておられたようです。はからずも西岡先生もまた、どこかでクリスチャンたちが集まって祈り会ができればいいと考えておられました。

それではと思い切って、キリスト教の出版社で、都心に近い新宿区信濃町にあるいのちのことば社に相談したところ、そこのチャペルを集いのために定期的にお借りすることができるようになりました。このようにして、二〇〇〇年五月二十三日の第一回祈り会によって、「横田早紀江さんを囲む祈り会」が発足したのでした。

翌年十一月には、ワシントンで行われたインターナショナル・ジャスティス・ミッションの第一回祈祷会に、この会からメンバーとともに横田さんを送り出すことができました。

十六名の信徒たちが集って始まった「横田早紀江さんを囲む祈り会」は、すでに二〇〇三年十月で三十四回を数え、巡回伝道者の福澤満雄先生や日本ホーリネス教団・板橋キリスト教会の工藤輝雄牧師、早紀江さんの所属する日本福音キリスト教会連合・中野島教会の国分広士牧師なども加わって、毎回六、七十名の祈りの輪に広がってきました。名簿に登録されたメンバーは二百名を超えるところまできました。その他、全国各地で横田早紀江さんを励まし、支え、祈っている多くの方々がいます。

今や、日本だけでなく、拉致事件を知る世界中の人たちが祈りの輪の中にいます。横田ご夫妻はアメリカの政府高官や、ジュネーブの世界人権擁護委員会などに救出の願いをもって行かれました。先日、アメリカ政府に拉致問題早期解決を訴えるため出かける、横田拓也さん、哲也さんの姿がテレビに映りました。立派に成長した、めぐみさんの弟さんたち。あの五十嵐キリスト教会の裏山でワイワイ言いながら復活祭のたまご探しなどをしていた、可愛かった小学生時代の二人の姿を重ね合わせ、長い長い今までの道のりを思いました。

休む間もない救出活動の闘いの日々のなか、時々、電話をかけてくださる早紀江さんは、言われます。

「神さまはなんて一つ一つを鮮やかに具体的に見せてくださるんでしょうね。めぐみちゃんがいなくなった時と同じ年頃のヘギョンちゃんを見せてくださるなんて」

「ほんとうに人間の心は、旧約聖書の中の人間と同じね。この問題を通してはっきりと見えてきたわ」

そして、もう足が前に出なくなるほど疲れ、声もかすれがちになりながらも、「皆さんのお祈りがあるから何とか前に進めるのよ。ドラマよりももっともっと不思議なことを見せてもらっているわ。またお祈り、お願いね」と言われるのです。

＊

新潟時代、「きょうで、聖書を読む会をやめます」と断りに来たことのあった牧野さんは、その後大阪で洗礼を受け、今、祈り会の司会を受け持っています。新潟で信仰復帰をされた佐竹明子さん（お嬢さんが教室でめぐみさんと机が隣同士だった）は、現在、新潟での祈り会の責任を持っています。また、悲しみに沈んでいた早紀江さんのもとに最初に聖書を持って訪問した岡田恭子さん、「聖書を読む会」の午後、どうしても時間がとれなかった私の帰ったあと、聖書に関する疑問をいつもていねいに答えてくださった安藤美奈子さんなど、ここに記しきれない人たちが、主から頂いた力を出し合って続けてくることができました。

ある日の祈り会で、賛美をしていました。

今日まで守られ　来りしわが身
露だに憂えじ　行く末などは
如何なる折りにも　愛なる神は

すべての事をば　善きにし給わん　（聖歌二九二）

私はオルガンの伴奏をしていて、不意に涙が出てきて止まりませんでした。ほんとうに今まで神の御手のうちにあった、早紀江さんはご自分の命を全能の神にゆだね、悲しみの道、苦難の道をイエスさまが共に歩んでくださることを確信された、という思いが胸にこみ上げてきたのでした。

早紀江さんから頂いた手紙を、今一度紹介したいと思います。

「……息詰まるような日々が外でも内でも続き、主と共でなければ、とっくに病気になっていたことでしょう。これからどこまで心身が保持できるか見当もつきませんけれど、何もかも主の最善の時があることのみ確信し、最後までがんばってまいります。ご支援に感謝し、マクダニエル夫妻から頂いた聖なる種の一粒として姉妹一人ひとりを愛し続けてまいります。よろしくお願いいたします。早紀江」

彼女の受洗の際、差し上げたカードに私は、「いつかきっとこのこと（めぐみさんが行方不明になってからのこと）を証しする日が来るでしょう」と記した覚えがありますが、まさか今日のようになるとは予想もしませんでした。今や、主にある私たちの姉妹、横田早紀江さんは神の証し人として、日本の国民の前に、いや世界の人々の前に立っています。

私たちは、めぐみさんが帰って来るその日まで、めぐみさんだけでなく拉致された人たちがひとり残らず帰って来るまで、祈り会を続けていきたいと願っています。そして、北朝鮮の中で捕えられている人々が解放されるよう心から願うとともに、かつて第二次世界大戦中に日本人が韓国・朝鮮の人々に与えた悲痛な苦しみを忘れることなく、祈りながら、この拉致問題解決の日を待ち望んでおります。

早紀江さんが最初に読んだ旧約聖書・ヨブ記の最後の章から記します。

「あなたには、すべてができること、あなたは、どんな計画も成し遂げられることを、私は知りました」(四二・二)

3
この戦いはあなたがたの戦いではなく

横田早紀江さんと同じ年に
洗礼を受けた友人

牧野三恵

転勤で新潟へ

横田さんと初めてお会いしたのは、あの事件が起きた二、三年後のことでした。私どもも同じように転勤族で、列車が時刻どおりに着くかわからないほどの大雪が降っていた一九八〇年一月、前任地の金沢から、新潟に転居して来ました。まだ、正月気分が抜けない頃でした。

それまでも一年半サイクルの転勤で、三人の子どもたちの転校や入学などで、自分たち家族のことだけで精一杯の時代でしたから、めぐみさんの事件も全然知りませんでした。新潟は私たち家族にとって、友人も知人もいない土地でしたが、楽天的な性格の私は、「転勤は長期の旅行みたいなものだから楽しもう」が口癖で、さっそく、子どもたちが転入学した新潟小学校のママさんコーラス部に入れさせてもらいました。そこで初めて、「横田さんのお嬢さんが行方不明になっている」という話を聞いたのです。しかしその時は、「そんなことってあるのかしら?」と漠然と思ったぐらいでした。

そのうち、コーラス部のお一人の佐竹明子さんと知り合い、仲良くさせていただくようになりました。最初は知りませんでしたが、佐竹さんはクリスチャンで、私の家に遊びに来られた時、彼女から聖書の話を聞いたのですが、まったく理解できません。「それなら、一度学びにいらっしゃい」と言われて、一度も聖書など手にしたことも開いたこともなかったのですが、本好きの主人の本箱を見るとギデオン協会の聖書があったので、それを持って「聖書を読む会」におじゃましました。

主宰されている宣教師がちょうどアメリカに帰国中とかで、その時は眞保さんのお宅でなさっていました。そこで、横田さんと初めてお目にかかったのでした。

事件のことを詳しくお聞きしながら、子を持つ親として、こんな苦しみ、悲しみがあるものかと涙があふれてきました。お話を聞いているうちに、私の娘と横田さんの双子の息子さんとが同級生だということもわかりました。そんなことから、横田さんと親しくさせていただくようになったのです。寄居中学校ではＰＴＡやコーラスなどでもごいっしょすることがあり、お宅にも寄せていただきました。

めぐみさんのことは、雪が降る頃になると、あることないことが噂され、ある時など、めぐみさんが新潟に帰って来ており、麻薬に冒されて精神がおかしくなって病院に入院しているという噂が流れました。横田さんはそれを聞き、「どんな状態でも、生きていてくれているのならいい」と噂のもとを探して、走り回られていました。

＊

「聖書を読む会」では、新約の「使徒の働き」を学んでいましたが、私には難しくて、ついていけません。問題集があって、次の水曜日までに予習していくことになっているのですが、聖書をふつうの本を読解するように読もうとしても、理解できないのです。自分で考えたことと百八十度違っていることが、よくありました。赤ペンで問題集に訂正を入れていくと、いつの間にかページは真っ赤になっていました。

それに比べて、横田さんの答えはいつも適切で、彼女はクリスチャンに違いないとすっかり思いこんでおりました。すでに神を信じていらっしゃったのでしょう。一方私は心を頑なにして、学びが終わったあとも、「聖書に書いてあることはうそだ」とばかり、宣教師や会の人たちに疑問をぶつけていました。

ある日とうとう、もう限界だと感じて、斉藤眞紀子さんの所に断りに行きました。

「いくら勉強してもわかりません。もう、やめます」

「まあ、そう言わないで。せっかく来られたのだから、お茶でもいかが？」

勢い込んで言ったものの、眞紀子さんの優しいことばとおもてなしに、やめる決心もだんだん鈍ってしまいました。気を取り直した私は、アメリカから戻って来た宣教師とともに、会に集まって来る人たちの雰囲気に惹かれながら、再び学びを続けていくことになったのでした。

思わぬ展開

一九八二年、「聖書を読む会」のメンバーの一人、庄司英子さんから、成長期の子どもに良いという有精卵について紹介があり、お世話させていただくことになりました。それを進めているグループは宗教団体ではないけれど、イスラエルのキブツに似ていて、「あなたのものは私のもの、私のものはあなたのもの」という思想で行っているようでした。私はあまり深く考えないで、ただ、子どもたちに良いものだからということでかかわり始めたのです。

やってみると、それはたいへんなことでした。一週間で三十キロの卵を消化しなければなりません。一家族で一キロとして、三十人のグループが必要です。冬は雪が積もり、海風が強くて傘がさせないほどですから、割れやすい卵を運ぶのは容易ではありません。転勤族の私は、そんなに知人もいませんから、面識のない方にも加わってもらわないと、数が消化できないのです。知らない方にお会いし、説明して同意をもらうために時間をとるなど、毎日毎日そのことに追われました。金銭もからみ、自分勝手な言い分も出てきます。それでも何とか、立ち上げることができました。

しかしある日、「聖書を読む会」の安藤美奈子さんが来られ、いつもは穏やかな方なのに、「私はこの冷たいグループには入りません!」と昂然とおっしゃるのです。私は、怒りがこみ上げてきて、「今さら何よ! ここまでくるのにどんなにたいへんだったか。文句があるなら、もっと早く言えばいいのに!」と彼女をなじりました。あまりの怒りで体が震えていました。かつて、自分がこれほど怒りを露わにした覚えはありませんでした。あの安藤さんがなぜ……と、その夜は眠れませんでした。孤独を感じました。私は冷静になって自分を振り返り、原因を考えてみました。

そして、一つのことにハッと思い当たったのです。組織が出来上がった頃、幼い子どもさんを連れた、ある若いお母さんが、「グループに入れてほしい」と来られたことがありました。ようやく立て上げたところです。私は、困ったな、面倒だなと思って、背を向けたまま、その人のほうを見向きもしませんでした。結局、他の世話係が申し出をお断りしたのですが、幼い子どものいる、卵をいちばん必要としている人を切り捨ててしまったのでした。

眠れない夜が明け、朝食の用意をしていた時、「あなたをこんなに愛しているのに、まだ愛がわからないのか」というイエスさまの語りかけを聞きました。私は、「神さまが私の心の内をご覧になった」と恐ろしくなりました。神さまに対して、初めて畏れのようなものを抱きました。

私はそのあと三人の子どもを学校に送り出してから、すぐ、聖書を持って宣教師を訪ね、自分のしたこと、愛のなさを泣きながら告白しました。宣教師ご夫妻は、「それを赦してくださるのはイエスさましかいません。悔い改めるのです」と言われます。私は、悔い改めるとはこんなことでないと勝手に思いこんでいましたから、その場に及んでも、「いや、それは違う、違う」と自我を張って抵抗しました。けれども、なぜか右の脇腹が痛んできて、どんどん痛みが増してくるのです。とうとう我慢できなくなって、それ以上言い張るのをやめ、宣教師の前で「信じます」と小さな声で言いました。宣教師の祈りに従って、罪を悔い改め、キリストを告白する祈りをしました。祈り終わったあと、頭はボーッとしていましたが、不思議なことにお腹の痛みは消え、体が軽くなっていました。

私が「キリストを信じた」ことを庄司英子さんに電話で報告しますと、驚き、そして喜んでくださいました。その日の夕方、安藤さんのお住まいの新潟大学の官舎を訪ねると、彼女はいつもの優しい表情を見せて、目に涙を浮かべて喜んでくださったのです。安藤さんは、クリスチャンとして私を得るか、友を失うかを賭けて、私のために諫言くださったのでした。

その夜、三人の子どもたちを呼んで話しました。

「母さんの今までの人生の中で、母さんのために涙を流して祈り、喜んでくれる方にお会いしたことはなかった。これから、母さんはイエスさまを信じていきたい」

寄居中学の一年生だった長女は、涙を流しながら私の話を聞いてくれました。出張から帰って来た主人にも申しますと、「夫婦といえども信仰は自由だ」と言って理解を示してくれました。

次の水曜日、「聖書を読む会」で一部始終を話すと、もちろん、メンバーは大喜びでした。八二年の六月のことでした。

このようなわけで、私にも神さまが働いてくださったのです。イエスさまにお会いするのには、特別な苦しみや悲しみがないとできないと思っていました。聖書を学んでいても、「対岸の火事」ぐらいにしか思えなかった私でしたが、自分にもこのような神さまの計画があったのでした。

その時、私は三十代後半、主人はそれなりに社会的に認められつつあり、子どもたちも日々成長していく。自分は子育てで人生を終えてしまうのか。これから老いていくのに、何を人生の規範にして生きていったらいいのか。生きる目的は？　生きがいは？　私が抱えていた問題の答えは、すべて聖書にあることがわかりました。

イエスさまを信じるまで、宗教は、キリスト教でも、イスラム教でも、仏教でも、到達するところは一つであって、山登りでいえば、登山道がそれぞれ違うだけだと思っておりました。そして、自分で信仰の山を登れるものだと傲慢にも思っていましたが、所詮、人は山のすそ野を駆け回ることしかできない者だと知ったのです。

同期の桜

そして、受洗へと導かれるようになっていくわけですが、その頃、横田さんとこんな会話を交わしたことを覚えています。

横田さんはどうも水泳が苦手だったようで、「ねえ、洗礼の時は全身海に浸かるのかしら？　私、泳げないのよ」と真顔で言うのです。私は、「さあ、洗礼で溺れ死んだっていう話は聞いたことないけど」と答えました。ほんとに笑い話みたいですけれど。

その後、横田さんはマクダニエル宣教師によって洗礼を受け、私も同じ年（一九八四年）のクリスマス、次の転勤先となった大阪の蛍池聖書教会で洗礼を受けました。

住む場所は離ればなれになっても、横田さんとはその後も変わらず電話や手紙で連絡し合い、新潟に住んでいた時よりももっと深くおつき合いさせていただきました。それは、やはりお互いクリスチャンになったことが大きかったように思います。「同期の桜」ということもあったかもしれません。

私はめぐみさんを直接には知りませんし、何かお助けできるわけでもないので、横田さんがちょっとでも笑顔を見せてくれたらと思い、いつもずっこけた冗談を言っては笑わせていました。横田さんはよく笑い、まじめそうでも冗談が大好きのようです。

年齢は彼女のほうがずっと上ですから、横田さんは私に姉のような感じで注意をしてくださったり、励ましてくださったりしました。大阪での八年間は、子宮筋腫の手術、年寄りの看護と介護、そして両親との死別と、私にとって試練の重なった時代でした。その間、姑や友人が受洗するということもあり、その度に横田さんや新潟の斉藤さんに電話をして相談したものです。

恩師であるマクダニエル宣教師がアメリカに帰国される時は、皆で東京に集まりました。私も大阪から飛行機で日帰りしたのですが、その際、友人といっしょに横田さんの住んでいた世田谷の社宅に伺いました。暑い日でした。広い庭にひまわりの花が咲き、めぐみさんがいなくなったあと飼われ、横田家にとっては家族の一員だった、リリーちゃんも元気でした。

思い出の旅のあと

あれは九六年のことでしたか、アメリカに帰られた宣教師の教会に、日本での宣教の働きによって生まれた実ともいうべき私たちとして、一度お礼に行こうということになりました。横田さんもめぐみさんが行方不明になって二十年近くになるので、一区切りつけ、その教会でめぐみさんの話をすることにしました。私は賛美の奉仕、眞保さんは信仰に入った証しを語りました。再会したマクダニエル先生ご夫妻と楽しい時を過ごし、ニューヨークの自由の女神像を見たり、アーミッシュの村に泊まったり、忘れられない旅行となりました。

帰国後、横田さんは時差ぼけがきつく、夜眠れずに困っていらっしゃいました。サイダーかジュースにウイスキーを少し入れて飲むといい、とわが家の娘が言うので勧めると、さっそく実行されたらしく、「よく眠れた。すっかり疲れがとれた」と言っておられました。彼女は神経が細やかで、感性も鋭く、その分他の人よりずっと疲れやすいのだと思いました。

アメリカ旅行の一年後、「めぐみさんが北朝鮮で生きている」という情報がもたらされ、横田さんの周辺は急に騒がしくなってきました。アメリカに行っておいてよかった、と思いました。

それからの横田さんには、「生きていてくれたのね」という喜びと同時に、北朝鮮という得体の知れない国によって、人道上許されない「拉致」という方法で娘が連れて行かれた事実に、今までとは別の苦しみが加わっていくことになったのでした。

何も手がかりがなかった時、「きっと北朝鮮に連れて行かれたのよ」と単なる想像で言っていた私ですが、それがまさに現実であったことがわかり、信じがたいやり方で多くの人が連れて行かれたことを知って、愕然としました。日本の国の無防備さ、日本人の生命を守れない国の姿にも失望と怒りを感じました。一介の主婦でしかない私は、それまで政治問題には無関心で、まったく疎いものでしたが、それからはしっかりと新聞を読み、政治家の発言に耳を澄ますようになっていきました。

横田さんたちは家族会を結成し、さまざまな救出活動に乗り出しました。けれども、当初は、一部の政治家に真相が握られていたのでしょうか、マスコミも事実をはっきり伝えず、世論は盛り上がりを欠きました。署名活動をしていても、道行く多くの人々は素通りしていくだけでした。共鳴を得られるだろうと思っていたキリスト教会においてさえも、政治的立場が絡んでいるとかで、かかわることを敬遠する人が多く、驚きました。「だれが、良きサマリヤ人（聖書の中でイエスがなしたたとえで、苦しんでいた人を助けたのは、「神の民」ではなく、彼らに疎んじられていたサマリヤ人だった）なのでしょうか？」と私は心の中で、とまどいとショックを隠せませんでした。

祈りの力

横田さんは家族会の活動でどんどん忙しくなり、日曜日の礼拝に出ることもままならなくなっていきました。「横田さんの健康と信仰が守られるよう祈ろう」「早くこの問題が解決されるよう祈らなければ」との思いが、それぞれのうちに強くなってきて、眞紀子さんの提案で、やがていのちのことば社のチャペルでの祈り会が始まっていったのです。

はじめは集う人数も少なく、この祈り会がいつまで持つのか、心もとない状態でした。祈り会の基盤は新潟から続いている「聖書を読む会」ですから、自分たちがしっかりしなければと、事務的なまとめ役と奏楽を眞紀子さんがやり、私は、毎回の聖書箇所と賛美歌の番号を選んできて、司会を務めることになりました。

たしか、二回目の祈り会だったと思いますが、旧約の歴代誌から一つのことばが強く私の心をとらえました。

「あなたがたはこのおびただしい大軍のゆえに恐れてはならない。気落ちしてはならない。この戦いはあなたがたの戦いではなく、神の戦いであるから」

私のうちに、「そうだ！　これは神さまが共に戦ってくださっているのだ」と強い勇気がわいてきて、神の前にひれ伏すような気持ちにさせられました。その後は、皆さんの前で読む聖書を安易に考えてはならないと思い、私の属する教会の馬場靖牧師に、毎回読むべきことばを示していただくようにしました。

この祈り会が生まれてから今日までの三年半の間に、すべてが変わってきたように思います。マスコミの扱いも、世論も、政治家も、道行く人々の視線も変わりました。神さまは私たちの小さき祈りをお聞きくださり、時を選んで、一つ一つ事を成されていきました。今や、「横田めぐみ」「拉致問題」といえば、日本中、いや世界中の人々が知るようになりました。

しかしながら、めぐみさんは依然として救出されず、完全解決にはまだ至っていません。すべて闇に隠されているものに光が当てられ、はっきりとした事実が神さまの前に、人々の前にさらけ出されるまで、私たちは、まだまだ祈り続けなければならないのです。

4

苦しみに会ったことは

横田早紀江

だれのせいでもなく……

「横田さん、ヨブ記だからね、ヨブ記よ。一度読んでみてね」

その方は帰り際に、ぽんと分厚い聖書を置いて玄関を出て行かれました。読んでみてと言われたって……。こんなに悲しい時に、こんなに細かい文字がびっしり書いてある分厚い本を読めるものですか。私は、半ばあきれた思いで見つめていました。

その頃は、十三歳になったばかりの長女めぐみの行方がわからなくなって、まだわずかしか経っていませんでした。毎日が、恐ろしさと悲しさと苦しさに埋め尽くされ、脱力感でいっぱいでした。もう何もする気がしなくて、いつもいつも、めぐみの面影だけが心をよぎって、泣いてばかりいたのです。

＊

一九七七年十一月十五日、思ってもみなかったあの事件が起きてから、新潟県警始まって以来と言われるほどの大捜索活動が行われたにもかかわらず、何一つ手がかりもなく、目撃者もなく、むなしい日々が過ぎていきました。私は打ちひしがれ、心の傷は癒えることなく、どんどん落ち込んでいきました。

何かの事件に巻き込まれたのではないかと言われながらも、警察ではあらゆる可能性を想定して、徹底的な聞き込みがなされました。それは、家族の者にまで及び、小さな二人の息子たちでさえ親から離して事情聴取されたのです。どうしてここまでと、悔しくなる一方、あんまり何回も聞かれると、自分が何か罪を犯したのかしらという思いにもなってきます。

家出や自殺の可能性もあると言われ、私は自分が生きてきた道を思い巡らせました。私は何か間違っていたのではないか、何が悪かったのだろうかと自分を責め続けました。親として頼りなかったのではないか、もっと真剣に子どもの話を聞くべきだったのか、厳しくしつけすぎたのかと、さまざまなことを考えたのです。突然、煙のように消えてしまったとしか言いようのない状況のなか、「どうか、どこかで生きていて！」と絶叫したくなるような気持ちで、私たち夫婦は娘を捜し続けていました。

主人は、時々お風呂で泣いていたようですが、勤めに出ている時間は、少しでもその悲しみから逃れられると言っていました。息子たちも、周りの皆さんの温かいお心遣いに助けられて毎日学校に通っていましたので、昼間、私は家の中で一人になります。すると、めぐみが幼稚園や小学校時代に使っていた物や、つい最近まで使っていた物を見ては、また悲しみがこみ上げてきます。事件当日の朝、「夕方から寒くなるから、着て行ったほうがいいんじゃないの？」と玄関先まで持って行き、めぐみが「きょうはいいわ」と、置いていった白いコートがそのまま掛かっていました。ポケットには小さな桜貝が入っていました。そういう物を見ながら、「どうしちゃったの、どこに行ってしまったの？」と、一人で、毎日毎日泣いていました。

私が泣くと下の子どもたちが心配するので、目の前で大きな声で泣くわけにはいきません。それで子どもが学校から帰って来ると、押入れの戸を開けて、布団の間に顔を突っ込んで、「めぐみちゃん、めぐみちゃん」と泣いていたのです。

そして、新潟の淋しい冬の空を見ながら、「この寒空のもと、あの子はいったいどうなっているのかしら」と、またつらくなってきます。「この苦しみから解放されるなら、もう死んでしまいたい」と、どんなに号泣し、息も止まれと止めてみても、海辺に行って何度死を思ってみても、悲しい朝はまたやってきます。

そんな中ではあっても、主人や二人の息子を病気にさせてしまうわけにはいかないので、食事を作ったり、家事を一生懸命したりしていました。しかし、その時期になると、新潟には大きな雪が舞って、とても寂しい思いになってくるのです。私は、ちょうどめぐみがいなくなった夕方がいちばん悲しくなるのですが、その時間はいつも台所の流しに立って夕食の準備をしていました。そして、めぐみといっしょによく歌っていた『おぼろ月夜』とか『十五夜お月さん』とかを、だれもいない台所に立って泣きながら歌っていました。あの子がこんなにして歌っていたのに、どうしていなくなったのだろうと思うと涙が止まりませんでした。

＊

思いもかけない大きな出来事の中にあって、夜はあまり眠れず、昼間はむなしくなってぼんやりしたり、涙にぬれていたりしました。そんな頃に、いろいろな宗教や占いの人たちが、よく訪ねて来て、「こんな事件が起きるのは、因果応報だ」とか、「きちんと先祖をお祀りしていないからだ」とか、心に突き刺さることばを残していきました。私は、誠実に温かく生きてきた父母に思いを馳せて泣きました。また、私もできるだけ質素に、物を大切にし、人に迷惑をかけたりしないように、悪いことは悪いと言える勇気を持つように教え育ててもらい、まじめに生きてきたつもりでした。

そんなことに心を痛めている私に、めぐみのいちばん仲の良かったお友達のお母さんである眞保節子さんが、慰めのことばをかけてくださいました。それは、聖書のことばでした。

「イエスは道の途中で、生まれつきの盲人を見られた。弟子たちは彼についてイエスに質問して言った。『先生。彼が盲目に生まれついたのは、だれが罪を犯したからですか。この人ですか。その両親ですか』。イエスは答えられた。『この人が罪を犯したのでもなく、両親でもありません。神のわざがこの人に現れるためです』」（ヨハネ九・一～三）

初めて聞く、不思議なことばでした。

彼女はまた、「神さまのみわざというのが、どう現れるのか今はわからないけれど、これはものすごく大きなことね」と言いました。私にとっても理解は難しいのですが、このことが子どもの罪のためでも、両親の罪のためでもないということばは、当時の私の心に、大きな平安と慰めを与えてくれたのは確かでした。

相変わらず、警察の人が来ていろいろ聞いて行ったり、いろいろな宗教の人が来たりしていました。また、何か少しでも手がかりになりそうな情報が入ると、遺留品や写真を見るために警察に飛んで行ったりしていました。

私は、なんとかしてこの苦しみから逃れたい、少しでも自分がきちんと生活しなければという切実な思いで、いくつかの宗教に顔を出してみたこともありました。救いを求めるというより、なんだかじっとしていられなかったのです。

ヨブ記

そんなある日、私はまた家で一人寂しく、冷たい雪の降る空を見上げていました。

「めぐみちゃんは、どこにいるのだろう。あの海の中で藻くずになって消えてしまったのかしら。あの山のどこかに埋められたのかしら。ほんとうにどんなになってしまったのか」

やはり、思いはいつもめぐみのことばかりです。そして、また日本地図を出してきて、針の先で地図の上をずっとたどりながらえぐっていました。

「めぐみは生きていても死んでいても、この針の先のどこかにいるに違いない」

そう思いながらたどっていました。

そのような時、ふと、聖書を手に取ったのです。置いて行かれた時は、目は涙でいつも腫れ上がっていましたし、精神的にも肉体的にも疲れ果てていたので、「どうして今、こんなものが読めるだろう」と、部屋に置いたまま横目で見ていたのです。しかし突然、自分でもなぜかわかりませんが、とにかく読んでみようという思いになったのです。

パラパラめくりながら、「そう言えば、ヨブ記と言われていたような……」と、分厚い聖書の中から、その場所を探し出しました。

「ウッの地にヨブという名の人がいた。この人は潔白で正しく、神を恐れ、悪から遠ざかっていた。彼には七人の息子と三人の娘が生まれた。彼は羊七千頭、らくだ三千頭、牛五百くびき、雌ろば五百頭、それに非常に多くのしもべを持っていた。それでこの人は東の人々の中で一番の富豪であった」(ヨブ記一・一〜三)

ボーっとした頭で読み始めたのですが、私はすぐに、「なんだか、すごいことが書いてある」と吸い込まれていく感じで、思わずきちんと座り直していました。それからは、もうやめられずに、一気に読み進んでいったのです。もともと本は大好きだったので、ぐいぐいと引き込まれていきました。

ヨブという人は、信仰篤く正しい人であったのに、子どもたちをいっぺんに全部亡くし、家畜をなくし、すべての財産をなくし、自分もひどい皮膚病にかかってしまいます。こんなにまじめに暮らしてきた人であったのに、どうして次から次へと、たたきのめされるくらいの苦難に見舞われるのだろうかと思いました。奥さんからも、「神を呪って死になさい」と言われるくらい、たいへんな状態でした。

あまりの悲惨さに、時には自分が生まれたことを呪ったり、神を恨んだりすることばも発しますが、最後まできちんと神に目を向ける姿勢を崩さずに、苦難に打ち勝っていくというお話でした。どんなにたいへんなところを通らされても、この神がなさることは正しいのだと、どこまでも神から目を離さずに信じきっているヨブの姿を見た時に、言いようもない感動を覚えました。

「私は裸で母の胎から出て来た。また、裸で私はかしこに帰ろう。主は与え、主は取られる。主の御名はほむべきかな」(ヨブ記一・二一)

ヨブ記のこのことばに、私は非常に引きつけられました。

私たち人間は何も知らずに毎日元気で暮らしています。けれども、ほんとうは人の生も死も神さまの御手の中にあって、神さまが「今があなたの時ですよ」と言われたら、一瞬にして命が終わるかもしれないし、「あなたにはまだすることがある」と言われれば、どんなに苦痛があっても生きて、この世でご用をさせていただくのかもしれないのです。

ヨブの人生を読みながら、一人の子どもを消されてしまっている今現在、私にはまだまだ余裕があるのだと思わされました。めまぐるしい中にあっても、健康も崩さず元気でいられること、子どもが三人いて、一人は取り上げられているけれども、他の二人の子たちは元気でいること等々。私は、ヨブという人のように立派な信仰者でもないし、謙遜な人間でもありません。それなのに、これくらいのことで……これくらいと言うと語弊がありますが、とにかく自分が哀れで哀れで、あの子がかわいそうで、

「何のせいでこんなになったのか！」と、悲しがったり悔しがったりしていました。結局、自分は正しいのだ、これでいいのだと思おうとするから、つらくなったり、わが身を哀れんだりしていたのではないかと思いました。

私は、一生懸命生きてきたつもりでした。人の目からは悪と思われることもしないで、正しく生きていると思っていました。しかし、いくら人の目からは一見良さそうな人間に見えても、そんなものは神さまの目から見たら微々たるものにしか過ぎません。また、人はどれだけ良い人間であろうと自分で努力しても、限界があります。自分の努力で何でもできると思い、それなりに正しい行動と生活をすれば達成感があると思っていた私の小さな考えとはまったく違う、神さまの視点というものがあると教えられたのです。

さらに読み進むと、このようなことばがありました。

「あなたは神の深さを見抜くことができようか。全能者の極限を見つけることができようか。それは天よりも高い。あなたに何ができよう。それはよみよりも深い。あなたが何を知りえよう」（一一・七、八）

このことばに、人間の力では及ばない、深く大いなるものを感じたのです。全能者である神さまは、人間の良いも悪いも全部ひっくるめて、たましいの底まで見通しておられることを教えられました。それは、これまで聞いて育った日本古来の「神」や、八百万《やおよろず》の「神」ではありませんでした。私の知らない何か、大きなものがかかわっていると知らされたのです。

私はますます引きつけられて、涙ながらにヨブ記を最後まで読み通してしまいました。今考えてもほんとうに不思議ですが、初めて、それも一人で聖書を読んだのに、すべてがピタッピタッと自分に当てはまるようで、みんなうなずきながら読めたのです。いい意味での大きなショックを受けた私は、事件以来初めて深呼吸ができ、久しぶりに空気がおいしいと感じました。ほんとうに苦しい毎日でしたから……。

ヨブ記を読むようにと勧めてくださった方は、こうも言われていました。

「あなたは、自分が行っている修養団体の教えがいいと思っているのかもしれないけれど、一生、その責任者のおじいさんが言っていることに『はい、はい』とついていくつもりなの？　それは結局、そのおじいさんが何年か修行して言っているだけではないかしら。その方が言っていることが正しいのか、すべての上にあって、世界も人間もすべてを支配しておられる神という方が言っていることが正しいのか、よく考えてみてほしいから、聖書を読んでみてね」

その方は、めぐみと同学年のお子さんがいるお母さんとは言え、それほど親しい方ではなかったのに、私の苦しい状態を見かねて、勇気をもって訪ねて来てくださったのです。

こういうことから、私は聖書の世界に深く入っていき、人知を超えた真の神の存在を知りました。それから、詩篇、ローマ書、コリント書、イザヤ書などむさぼるように読み進んでいきました。今まで聞いたことのない一つ一つのことばは、私のたましいに響き、しかも痛みを伴った心地よさで胸にしみこんできました。

マクダニエル宣教師との出会い

しばらくして、私はお声をかけていただいていた「聖書を読む会」に出席するようになりました。すぐ近くのマクダニエルという宣教師の家にご婦人たちが集まって、毎週水曜日に聖書を学ぶ集会が行われていたのです。

マクダニエル宣教師のお名前を聞いて、「ああ、新潟港に捜索のビラを配りに行ってくださった方だ」と思い当たりました。先生は事件後すぐに、めぐみがいなくなった時の様子を英語で書いて、写真を入れて手作りのビラを作り、そのたくさんのビラを持って新潟港に配りに行ってくださったのです。私は落ち込んでいて外に出る気がしなかった時期でした。先生は、まだ小学三年生だった二人の息子をいっしょに連れて行ってくださいました。

「聖書を読む会」に出席するようになって、初めて、イエス・キリストというお方の愛にふれ、自分のたましいがまったく新しくされる経験をしました。そして、私がどのような人間であろうとも、「すべて、疲れた人、重荷を負っている人は、わたしのところに来なさい。わたしがあなたがたを休ませてあげます」（マタイ一一・二八）と、大きな愛をもって受け止めてくださる神さまを知ったのです。

私は、心から祈りました。

「神さま、私はあなたを知ろうともしない、ほんとうに罪深い、生まれながらのわがままな者でしかありませんでした。人知の及ばないところにある神さまは、この世の悲しみも苦しみも、すべて飲み込んでおられることを信じます。私の悲しい人生も、めぐみの悲しい人生も、この小さな者には介入できない問題であることを知りました」

私を含め、罪あるすべての人間を救うため、イエス・キリストは十字架の上で苦しみを経験され、尊い血潮を流してくださったのです。

「神よ。私を探り、私の心を知ってください。私を調べ、私の思い煩いを知ってください。私のうちに傷のついた道があるか、ないかを見て、私をとこしえの道に導いてください」（詩篇一三九・二三、二四）

＊

「聖書を読む会」は、とても温かく、すばらしい集まりでした。マクダニエル宣教師から聖書のお話を聞き、賛美歌を歌い、お茶を飲みながら日常の身近な会話を交わしました。宣教師ご夫妻の、人を優しく包み込む温かさにふれ、多い時には二十人くらい集まっていました。

私も、眞保さんと仲良く毎週通っていましたが、半年くらいはまだ前に行っていた修養団体にもつながっているような状態でした。「聖書を読む会」は週に一回でしたから、やはり、他の日はじっとしていられなくて、何かしなければという思いもあったのでしょうか。めぐみのことを考えると、いても立ってもいられない気持ちだったのです。

めぐみのことは、いつまで経っても何の手がかりもつかめないまま月日が過ぎていきました。そうするとまた、「どうしてこうなったのか、何がいけなかったのか」という思いに逆戻りしてしまいます。何もわからないことがいちばんつらかったのです。どのような形であれ、死んでいるとわかればあきらめようと努力できますし、家出や自殺でこちらに何か原因があれば、反省もできます。しかし、まったく何もわかりません。この波のように押し寄せてくるつらさは、二十年後にはっきりと北朝鮮に拉致されたとわかる日まで、その繰り返しだったと言ってもいいでしょう。

聖書に感動し、神さまの愛にふれながらも、あまりに苦しいので、私はいつも死んでしまいたいと思っていました。「聖書を読む会」を手伝っておられた斉藤眞紀子さんは、「あの頃、あなたは集会の帰りにさえ、いつも必ず『死にたい、死にたい』って言ってたわね」と、今も時々言われます。集会の皆さんも、「どうか横田さんが死にませんように」と、陰で祈ってくださっていたそうです。

実際、私はどうやったら死ねるかと具体的な死に方を考えたり、最後の場面まで想像したりしていました。薬を飲もうか海に入ろうか、それとも雪の中で死のうかと思い巡らしたこともたびたびでした。

実は、自殺したい思いと、キリストを信じてこれでいくんだという思いの間で、揺れ動いていたのです。当時、「聖書を読む会」の他に、日曜の礼拝にも行くようになっていました。そして、聖書を学び、神さまのすばらしさを知れば知るほど、私を導いてくださるのは、もうここしかないくらいの気持ちになっていました。もっとしっかり学びたい、もっと教会に行きたい、という思いがだんだん強くなっていったのです。

初めは家族みんなで行っていました。しかし主人は、「こんな、物語のような聖書の話などわからない」と言って行かなくなってしまいました。私の心が神さまや教会に向くに連れて、主人とは楽しみも違ってきますし、考え方もだんだんと違いが出てきます。それもとても心苦しくなってきました。ある時などは、「信仰を持つことや教会に行くことがだめなら、いつでも私を出してください」とまで言ったこともありました。もちろん主人は、「そんなことは言っていないよ。自分は行かないけど、きみは教会に行ったらいい」と言ってくれました。

キリストを信じて、教会で導いていただくのはうれしいけれど、やはり主人のことも気になりますし、京都の実家のことも気がかりです。また、自分の信仰が確かなものであるのかどうかも、はっきりわかりませんでした。いちばん苦しい時に聖書に出会い、集会に行くようになりました。そこで、マクダニエル先生ご夫妻や集っておられる皆さんの温かさに接し、いつもとても恵まれた思いで帰っていました。どうしてこんなに平安があるのかしら、なんてすばらしい集会かしらと思う反面、自分は聖書がわかるという気がしているだけではないか、雰囲気の温かさにおぼれているだけではないかという思いもあったのです。

洗礼

長いあいだ迷っていた私のために、皆さんが心配して祈ってくださっていました。私は、どんなに小さな、くだらないと思えるようなことも、斉藤さんや「聖書を読む会」の人々に尋ねました。こうして幾年かを過ごし、一九八四年五月、私は神さまの恵みによって、また自分でも納得して、マクダニエル先生より新潟の五十嵐キリスト教会で洗礼を受けました。それは、奇しくも、行方不明になっためぐみが成人する年でもありました。

その頃の思いを、拙著『めぐみ、お母さんがきっと助けてあげる』から少し紹介させていただきます。

「……待つこと以外、何もできない私の一つの選択であり、またそれは一方的な神の恵みによるものであったのでした。

私も主人も、この間、何度となく、めぐみはもう戻って来ないかもしれないと思いました。けれども、何の手がかりも得られない代わりに、戻って来ないという証拠もない以上、めぐみは生きていると信じるしかないのです。そして、一瞬一瞬、信じて待つことがどれほど大変なことか、その精神的な苦痛はことばではとうてい言い表すことはできません。私は、洗礼を受け、すべてを神に委ねることになりました。（中略）

私はこうして、何とか自分を見失わずにすんだのでした。もちろん、気持ちが動揺することはそれからも何度もありました。しかし、たとえ不幸な結果になろうと、人はだれしも確実に死を迎えるのであり、そのときこそ私とめぐみのたましいは安らかに出会えると信じられるようになったおかげで、私にははっきりと覚悟ができたことは間違いありません」

＊

それからは、「生きていかなければ」という方向にだんだんと変えられていきました。どれだけ泣いたかわかりませんし、どれだけ死にたいと思ったかしれません。けれども、めぐみもきっとどこかで生きているのだから、私も元気に娘が生きて帰って来るのを待っていなければと考えるようになっていきました。

そんな苦しみの中でしたが、マクダニエル宣教師やペギー夫人はじめ、斉藤眞紀子さん、眞保節子さん、牧野三恵さんほか、たくさんの信仰の仲間を与えられ、祈られ支えられて歩むことができたのです。また、この「聖書を読む会」から、一人、また一人と神を信じて洗礼を受ける方が起こされていきました。

新潟の「聖書を読む会」で共に学んだ親しい仲間は、その後、転勤があったりいろいろな事情で各地に散らされたり、離ればなれになりました。しかし、不思議に、この何年か、千葉や東京、私は川崎にと東京近辺に家が与えられて集まって来ました。再び、東京や千葉で「聖書を読む会」が開かれるようになり、共に祈り賛美する交わりが復活してきました。それが母体となって、のちに、多くのクリスチャンが集まって、めぐみや拉致被害者救出のために祈ってくださる祈り会が始められたのです。

愛する姉妹たちとこうした結びつきを与えられ、その後も、良い教会や牧師に恵まれて信仰を育てていただきました。私は、めぐみのことを除いては非常に恵まれた者であり、神さまからたくさんの祝福を頂いてきました。それは、自分がそれなりの何かをしてきたとか、これだけしたからということではなく、考える余裕もないくらいの生活の中で、ただただイエスさまの愛に感謝して、みんなでいっしょに祈り賛美する、そういう中から、たましいの喜びが与えられてきたのです。

＊

娘が行方不明になるという、思いもかけない悲しい出来事の中で、マクダニエル宣教師に出会わなかったら、そして、神さまに出会わなかったら、私はとても耐えられなかっただろうと思います。

マクダニエル宣教師ご夫妻は、三十年にわたって日本で宣教活動をなさいました。そのほとんどを新潟の地で過ごし、多くの実を残されました。先生は、ほんとうに温かいお人柄で、神さまに愛されている方だというのをいつも見せていただいていました。広い心で、どんな人でも受け止め、ゆるして温かく包んでくださる方でした。クリスチャンとして、人間として、このご夫妻のようになれればいい、このように神さまに仕えていきたいと私は思っていました。

先生は、いつもこう言われていました。

「人間は、だれでも欠点があるものです。もし、私たちがあなたがたの目にすばらしいと見えるのなら、それは、神さまがなさったことですね」

先生ご夫妻は日本にいたとき、七歳のご長男を白血病で亡くされました。だからこそ、人の痛みや悲しみがよくわかったのではないでしょうか。そして、わが家の二人の息子たちを、「この2《ツー》ボーイは、マイ・ボーイ」と言って、とても可愛いがってくださいました。

めぐみのことも、決してあきらめないで希望をもって祈り続けるようにと言われました。

「一人の時でも、二人の時でも、ちょっとした時間でもいいから祈りなさい。どんなことでも神さまとお話をしなさい。その祈りの積み重ねが大事ですよ。めぐみさんは必ず、三人にも四人にもなって帰って来ますよ」

そう言っていただいて、私はどれだけ平安な思いになったかしれません。

先生ご夫妻は、私や主人の誕生日には、ケーキを作って持って来てくださったり、めぐみがいなくなった十一月十五日には毎年、私たちがどこにいても電話をかけてきて励ましてくださったりしました。

先生ご夫妻は、一九八六年に働きを終えてアメリカに帰国されました。一九八六年六月には、私たち元「新潟・聖書を読む会」のメンバー四人でご夫妻を訪ねる旅をしました。その時も、先生たちはめぐみのことを心をこめて祈り、各地の教会や施設で話す機会を与えてくださいました。アメリカの人たちは泣いて、「私たちもいっしょに祈ります」と言いながら、私を抱きしめてくれました。

＊

めぐみは、ほんとうに明るい、よく話をする子でした。親が言うのもおかしいですが、小さい頃からとてもしっかりした子で、きちんとものを考えることのできる子どもでした。思春期になると、あまり親とは話をしなくなると言いますが、めぐみはもう、どんなことでも「ねぇ、ママ」と言って、私のところにやって来ては学校のことや、今思っていることや、いろいろなことを話してくれていました。そんな子がいなくなったので、よけい火が消えたように寂しく、落ち込んでしまっていたのです。

あれは、めぐみがいなくなる二ヵ月ほど前のことでした。居間で用事をしていた私のところにいつものように近寄って来て、言いました。

「ねぇ、ママ。キリストって信じられる？」

「なんでそんなこと聞くの？」

「ううん、べつに……私は、なんか信じられる気がするよ」

どこからそんな話を聞いてきたのかわかりませんでしたが、その時は、「聖書は有名な本だから、うちにも一冊置いてあってもいいわね」と、それだけの会話で終わったのです。あとから考えれば、あれはこういうことが起きる伏線として神さまが示してくださっていたのかなと、不思議な感じがしました。その二ヵ月後にめぐみの事件が起きて、ほどなく私は聖書に初めて出会ったのですから……。

そして、あり得ないことかもしれませんが、どんな形であれ、どこかでめぐみもキリストの救いにあずかっていてくれたらどんなにいいかと、ずっと思ってきました。


めぐみは北朝鮮にいる！

さまざまなことがあり、相変わらずめぐみのことは何もわからないままに歳月が過ぎ去っていきました。私たち家族は主人の転勤に伴い、新潟から東京、前橋、川崎と移り住みました。その間、どこに行っても、いつもめぐみのことは心から離れることはありませんでした。

「神さま、もしめぐみが生きているのでしたら、今、そのいるところで、めぐみの命とたましいと健康を、あらゆる危害からお守りください」

一九九七年一月二十一日、めぐみが北朝鮮に拉致されているという情報が入るまでの約二十年、これが私の日々の祈りでした。共に祈っていてくださる方々も、思いを同じにして長い年月、祈りによって私たちを支えてくださっていました。

そして、忍耐に忍耐を重ねて、とにかく神さまにお任せして生きようと、ようやくこらえ性みたいなものができてきた頃に、その報せが入ったのです。

突然、降ってわいたような娘の消息。いなくなった時も、忽然と私たちの前から姿が消えてしまったのですが、「めぐみは北朝鮮にいる」という情報も、まさに天地がひっくり返るような驚きでした。そんな物語のようなことは信じられない、と思いながらも、「めぐみちゃんは生きていてくれた！」と、喜びの戦慄が体中を走りました。

神さまは私たちの祈りを聞いてくださって、二十年もの長い間、あの危険な国で娘を守っていてくださったのです。またその間、母親である私を試みの中で支え、神さまの光の中に導いていてくださったのです。「どうして二十年も?」とよく聞かれますが、この二十年という時間が必要だったのだと思っています。確かに、あまりのつらさに、「神さま、もういやです、早く普通の生活に戻してください」と、何度泣きながら祈ったことでしょう。また、苦しみから逃れたくて、何度死を思ったことでしょう。その中でも、祈りの仲間たちがいつも支え、励ましてくださったので、大いなることを成してくださる神さまを信じてここまで来ることができたのです。

*

めぐみが北朝鮮にいるという情報は、大阪・朝日放送のプロデューサー石高健次さんが書かれた記事が、『現代コリア』誌に掲載されたことが発端となっています。その情報などを通じて、マスコミの方が次々と取材に来られました。その中には、一九八〇年にいち早く日本海海岸のアベック失踪事件を報じた『産経新聞』の阿部雅美さんもおられました。

私は、めぐみの実名を出すかどうかで眠れないほど考えました。名前を出したことでめぐみにどんな影響があるのかと思うと気がおかしくなりそうでしたが、主人の判断を信じてそれに従いました。そうして、『アエラ』誌や『産経新聞』に大きく報道されためぐみの記事を目にした高世仁さん（日本電波新聞報道部長）が、元北朝鮮工作員・安明進さんに証言を求めて、これはめぐみに間違いないということになったのです。

しかしここでまた、さらに考えてもみなかった、国際的な宿命の中に置かれた困難さを思わずにはいられませんでした。あの難しい国から、どうすれば救出できるのでしょう。

私が泣きながら遺留品を捜して歩いたあの新潟の浜辺から、めぐみは、ことばもわからない、何も知らない世界に一人でさらわれて行ったというのです。それにしても、めぐみや他の北朝鮮に拉致されて行った人たちは、あの恐ろしい国で、どんな思いでこの長い長い年月を過ごしてきたのでしょうか。

「ああ、神さま。私はまた新しい苦しみの中に置かれてしまいました」

ゆるし難く恐ろしい現実に、うめきながら祈る私に、神さまは再び聖書のことばによって、平安を与えてくださいました。

「及びもつかない大きなことや、奇しいことに、私は深入りしません。まことに私は、自分のたましいを和らげ、静めました」(詩篇一三一・一、二)

＊

それからの日々は、多くの皆さんがご存知のように、私たちの家族は嵐の中に飲み込まれたかのような過酷な毎日となりました。たくさんの取材攻勢、関係者の方々との面談や交渉など、個人的な時間もほとんど取れないくらいの日々が、その時から今に至るまで続いています。

心の平安はなんとか得られたものの、これからどうすればめぐみを取り戻せるのか、どうすれば安否がわかるのか、途方もなく大きな壁が立ちふさがっているようでした。めぐみの事件はもはや、個人の力で解決できる問題ではなくなっていたのです。

めぐみのことが大きく報道されてすぐ、のちに「救う会新潟」の会長となった小島晴則さんが、「めぐみさんを救う会」を作ってくださり、街頭での活動が始められました。翌月の三月二十五日には、私たちと同じく愛する家族を北朝鮮に拉致された方々が集まって、「北朝鮮による拉致被害者家族連絡会」ができました。さらに、多くの方が関心を寄せてくださり、全国三十二ヵ所もの地域で「救う会」が結成されて、救出活動が急速に展開されていったのです。

また、拉致問題に関心を持っていた方々や日朝問題の専門家の方々のご協力があって、家族会や支援会を引っ張ってくださいました。講演会や署名運動を各地で行い、外務省や各政府機関に対して、私たちがどんな思いでいるのかを伝えたり、子どもたちの救出をどうやって訴えていけばいいのかなど、いろいろと計画を立ててご指導くださいました。それらのことが、すべて神さまの備えであったと思わないではいられないのです。

その後、世論もしだいに高まっていき、救出のための道が開かれていく方向が見えてきましたが、さまざまな手を尽くしても、拉致問題はなかなか解決しませんでした。

北朝鮮は、たくさんの証拠や証言があるにもかかわらず、非人道的な犯罪である拉致を認めることはもちろん、話し合いに応じる気配すらありませんでした。こんな国に対して、日本政府が人道的に米の支援をしても、そのお米は、ほとんど幹部たちが取り上げてしまうのです。あとの一部は、どこかに売って、そのお金で軍備を強めて、その軍備の切っ先が韓国や日本に向かっている。そんなことを私たちは、初めは知りませんでした。

私たちは、専門家の先生方のたくさんの本を読んだり、勉強会で教えていただいたりしながら、北朝鮮という国が、私たちの日本とどんなに違った体制の中にあるかということを知りました。金正日や幹部たちは、不審船侵入とか麻薬密輸や拉致、偽ドル問題など、新聞やテレビをにぎわせる事件を次々と起こしながら、そしてあの大韓航空機爆破の時もそうですが、金賢姫《キムヒョンヒ》という人が生きながらえて現れ、事実を証言してさえも、「そんなことをしたことはありません、でっちあげです」と、いつもいつも言い続けてきました。

私は、むやみに北朝鮮の人たちを憎んでいるわけではありません。幼い頃、京都で育った私は、友達何人かで朝鮮人の子をいじめている場面にいっしょにいたことがありました。そのことを知った父が烈火のごとく怒って、「だれが偉そうに、人をたたけるんだ!」と言って、私も厳しく怒られたのを今でも覚えています。人の平等ということを父は教えてくれました。ですから、北朝鮮で苦しんでいる人たちのためにも、私たちは悪を制してくださる神さまに祈っているのです。

＊

九七年三月、私たち夫婦は、元北朝鮮工作員・安明進さんをソウルにお訪ねしました。安明進さんは、拉致事件やめぐみたちのことを、それこそ命をかけて証言してくださった方で、現在は韓国に亡命してソウルに住んでおられます。

私たちは、めぐみが拉致された時の様子や、北朝鮮で、安さんが直接見られためぐみのことをうかがうことができました。つらいお話でしたが、私も主人もその礼儀正しい誠実な人柄に、「この人が言っていることは間違いない」と、めぐみの生存に確信がもてました。

その後、安明進さんが書かれた『北朝鮮拉致工作員』（徳間書店刊）の証言を読みました。めぐみは、真っ暗な船倉に閉じこめられて泣きながら、「お母さん、お母さん」と叫んで、手を血だらけにして出入り口や壁などをひっかいていたそうです。そうして四十時間もかけて連れて行かれたと……。私はそれを知って、胸をかきむしられる思いがしました。そして、心の底から深い怒りがこみ上げてきたのです。

その年の十月、長男の拓也が結婚しましたが、息子はそこにめぐみの席も用意しました。めぐみは北朝鮮で生きている、いつ帰って来ても席はあるということを公に表したかったのです。

「お嬢さんはもう亡くなっています」

拉致事件が明らかになっても、日本政府にはなかなか具体的な動きが見られませんでした。もどかしさを感じながらも私たちは、救出を訴える活動を続け、祈りの支援者も確実に増えていきました。

そうした中で、二〇〇二年の八月になって、小泉純一郎首相が北朝鮮を訪問し、金正日総書記と直接面会するというニュースが伝えられました。

九月十七日。いよいよ歴史的な日朝首脳会談が北朝鮮の平壌で行われる日が来ました。私たち拉致被害者家族は、その日、議員会館で取材を受けていました。そして夕刻、外務省の飯倉公館に集められました。北朝鮮から知らせてくる被害者たちの安否情報を聞くためでした。

かなり長い時間待たされた後に、私たちの家族が初めに呼ばれて別の部屋に入りました。部屋に入ると、植竹繁雄外務副大臣（当時）が涙ながらにこう言われました。

「申し訳ありませんが……お嬢さんはもう亡くなっています。そう北朝鮮から言われました」

一瞬、頭が真っ白になりました。次の瞬間、激しい電気ショックを受けたような衝撃に襲われました。あの時のことは、一生忘れないでしょう。

この二十五年間、とくに拉致がわかるまでの二十年間、めぐみを捜して、何をどんなにしてきたかわからないほどあらゆる手を尽くしてきましたし、望みをもって戦ってきました。それが、一瞬にして、「もう亡くなっています」と言われたのです。

政府の方がこのたびの会談を通して、何度も何度も北朝鮮に確かめたうえでの報告だと思いましたので、「こんなつらいこともあるのか」と一瞬、めぐみの死を受け入れる気持ちになりました。さらに、めぐみは結婚して女の子が一人いるとも聞かされました。そのこともっと聞きたくて、私たちは、泣きながらもいろいろなことを尋ねたのですが、そのほとんどが何もはっきりしていないのです。

「これは、北朝鮮による謀略に違いない」

次の瞬間、ほんとうに不思議ですが、私の頭の中にひらめきました。北朝鮮という国は、さまざまな謀略をする国だと聞いていましたので、きっとこれも何か外交上の謀略なのではないかと考えたのです。自分でも信じられないことばが、口をついて出てきました。

「そんなことは、絶対に信じませんから！」

悲しみに震えながらも、きっぱりと言い切って、私たち四人は部屋を出ました。

あとの亡くなっているとされた七名の家族も、一家族ずつ呼ばれて死亡宣告をされました。生きていた家族はみんないっしょに部屋に呼ばれて、「あなたがたの子どもたちは生きておられます」と伝えられたのです。死亡宣告を受けた家族はショックと怒りの両方で、涙も出ない状態で呆然としていました。

しかし、生存とされた家族の方、蓮池さんや地村さんたちはその場で、「めぐみさんはどうしたんですか、るみ子さんはどうしたんですか！」と聞かれたそうです。そして、「あの人たちは亡くなられました」と言われた時、「そんなバカなことがありますか！」と泣かれたと聞きました。そして、みんな泣きながら部屋から出て来られました。私たち家族会は思いを一つにして、それこそほんとうの家族のようにいっしょに闘ってきたのですから。

生存と告げられた方々は、「ごめんなさいね、横田さん。私たちの子どもだけが生きていて、ほんとうに悪かったですね」と泣かれました。けれども私たちは、「死んだなんて、信じていませんから。絶対に生きていますから！　だから、喜んでくださ い」と言いました。主人も、「生きていたことが、何より喜びなんですから、私たちに気兼ねをしないで喜んでください」と言いました。

その直後の記者会見で、拉致被害者家族の代表である主人は、記者団にコメントを求められながらも、涙にむせてことばを続けることができませんでした。私は思わずマイクを取って、「死亡なんて、絶対に信じていませんから！」と言っていました。私だって、胸が締めつけられるように苦しかったのです。しかし、背後から神さまが「しっかりしなさい！　私がついている」と、ドーンと言ってくださっている気がしたのです。

＊

死亡したと言われたショックの中にあって、それから二週間あまり経った十月二日、私たちは、もう一度、電気ショックを受けるような、身も心も凍りつくような場面に出会わなければなりませんでした。

私たち、亡くなったとされる被害者の家族は再び外務省に呼ばれました。政府調査団による現地調査報告書、つまり「死亡診断書」というものが配られたのです。持って来られた方は、その用紙を何気なくパーッと配られました。

私たちは何も知らないで、それぞれの死亡に至る経緯というのをその場で読みました。それで、また「これでもか！」という感じで、なぎ倒されるような思いの中に置かれました。

めぐみは、鬱病で入院していたけれども、ある日、少し経過がよかったので、医師といっしょに院内を散歩していたそうです。その時、お医者さんがちょっと目を離して事務所のほうに行っている間に、自分の着ている服を引き裂いて、それを紐にし、松の木で首をくくって自殺した、と書かれていました。その報告書を渡してくださった方々は、じつに事務的な感じで眺めておられました。

他の亡くなった方は、海岸に行って溺死とか、練炭のガス中毒とか、車の正面衝突で亡くなったとか、いろいろなことが書かれており、それらの方々の骨は洪水で流されてもう見つかりませんなどと書いてありました。

私たちは「亡くなった」と言われただけでもこれだけのショックを受けているのです。それなのに、今度は自殺と言われたのです。めぐみがこのような形で、親兄弟もいない、お友達もいない、生活習慣も考え方も日本とはまったく異なる所で、日本を恋い慕いながら、「早く助けに来てほしい！　お父さん、お母さん、早く来て！」と叫び続けた中で、もう自分ではどうにもならなくなって死んでしまったのかと。気が変になりそうでした。

それも、一九九三年に死亡という報告です。そんなに前に亡くなっているなんて、私たちは何も知らずに必死に駆け回り、一生懸命に、「子どもたちを返してください！」と街角で叫んでいたのかと思うと、ほんとうに一瞬ですが、むなしい思いが体を駆け巡りました。しかし、「そんなバカな！」と、またすぐに思いました。

これも絶対に違うなと思ったのですが、めぐみの骨は、病院の裏に埋められたけれども、次の年に、夫という人がどこかに埋葬するために持って帰ったと書かれていました。その骨が実際に出てくれれば、そして、DNA鑑定でめぐみのものとして間違いないとわかれば、ほんとうなのかもしれないと言うしかありませんし、あきらめるしかありませんけれど、めぐみの夫という人も、まだ一度も姿を現しておりません。主人も、息子たちも、死んだとの確実な情報がないかぎり絶対に信じない、つまり、「生きていると信じ続ける」と言っています。

＊

その後、私たち家族にはまたもう一つのビックリ仰天がありました。それは、めぐみが生み育てたキム・ヘギョンちゃんという可愛い女の子が、十五歳に育ってあの地で生きていると発表されたことです。その女の子がテレビで話している姿を見て、「おばあちゃん（私）にそっくりね」と、みんなから電話を頂いたり、「めぐみちゃんより、お母さんにそっくりですね」と言われて、ほんとうにこんなことがあるのだろうかと、驚きとショックで腰が抜けそうでした。初めはとても受け入れられませんでした。

ヘギョンちゃんのことは、DNA鑑定でも明らかになりました。また、帰国された五人の方たちから、めぐみとヘギョンちゃんの具体的な生活ぶりなどをうかがいましたから、もうこれは確かなことだと信じています。「めぐみの娘とされる」ヘギョンちゃんではなく、めぐみの娘であり、私たちの孫であるヘギョンちゃんなのです。めぐみがいなくなった年頃とほぼ同年代でしたから、まるで、捜し続けた娘の姿を見るようでしたが、そこにはめぐみの姿はありません。ヘギョンちゃんに会いたいのは確かですが、私たちが捜しているのはその女の子ではなくて、めぐみ本人なのです。

そのあと、「一度、手紙を出してみたらどうですか？」と内閣府から言われて、主人と手紙を書いて、クアラルンプールの日朝会談の時に持って行って渡してくださいと託しました。けれども、その後、手紙がヘギョンちゃんに届いているのかいないのか、まったくわからずに、今もどこからも何の連絡もありません。孫のヘギョンちゃんは今、どうなっているのかということも全然わかりません。

テレビに出ているヘギョンちゃんを見た時には、胸がつぶれる思いでした。目にいっぱい涙を浮かべながら、「日本のおじいさん、おばあさんに会いたい」と言う姿は見ていられませんでした。あのような子どもをさえ、北朝鮮は利用するのでしょうか。けれども、人の命というのは私たちの手の届かない、神さまの不思議な御手によってちゃんと育成されているのです。めぐみの不幸な、悲しみいっぱいの人生の中にも、こんなに可愛い子が元気に育っているのですから。神さまは何をなさるかわからないけれども、不思議なことをなさるお方だなと、私は感動をもって受け止めました。

小さな世界と大きな世界

人間には考えられないようなことが次々と起き、動揺してしまうことばかりです。しかし、北朝鮮側も私たちのことを見ていますから、いつも、「ここでへこたれていてはいけない」と毅然とした態度で、気を引き締めながら対応しているつもりです。それに、事あるごとに動揺していては生きていけません。

もともと私はそんなに強い人間ではないし、人前に出るのも苦手なのです。しかし、いろいろなことを経験させられて、変わらざるを得なかったのです。それ以上に、いつもいつも神さまがそばにいて、語ることばを与え、考えを与えてくださり、支えられてここまで来られたのだと思います。

めぐみの事件やその後の救出活動などを通して、確かにたいへんなところを通らされますが、その中にあって、心の底では私はいつも平安でした。体もたましいも疲れ果ててしまうことは、今でもしばしばあります。悲しくて泣いてしまうこともあります。しかし、ここまで、何ものにも倒されることがありませんでした。

あまりにあわただしい毎日が続き、一日が終わる頃には、もう立ち上がれないほどボロボロに疲れていても、翌朝には、ちゃんと起き上がることができるのです。「ああ、今朝も起きられた」と、毎朝実感しています。これも、神さまの大きな愛の中にあるからですし、多くの方が祈って支えていてくださるからに他なりません。

この事件がなければ、キリストに出会うこともなかったでしょうし、クリスチャンになることもなかったでしょう。私は、こうして長い年月、神さまに愛されて訓練していただいて今日があることを、心から感謝しています。

「苦しみに会ったことは、私にとってしあわせでした。私はそれであなたのおきてを学びました。あなたの御口のおしえは、私にとって幾千の金銀にまさるものです」（詩篇一一九・七一、七二）

＊

めぐみや他の被害者の方々のことは、ことばに言い尽くせないほど大きな犠牲ですし、痛みです。しかし、必ず、その人たちは大きな使命をもっていると信じています。もちろん、めぐみだけでなく全員が、一刻も早く無事に帰って来てくれることを信じて祈り続けています。しかし、いつすべてが解決して帰れるのか、いつ会えるのか、今はわかりません。これも、すべてに神さまのご計画があり、聖書にあるようにすべてのことには「時」があると受け止めています。その時を信じて待つ、それが、私たち家族にできることではないでしょうか。

二〇〇二年の日朝首脳会談以来、拉致問題だけでなく、北朝鮮の核保有の問題も国連レベルで取り上げられるようになりました。国際的にも関心が高まってきています。これは確実に神さまの御手が動いていることの現れだと、私は見ています。

私は、一つ一つ、もうどんなことが起きても、真理の神さま、宇宙を司《つかさど》っておられる、愛に満ちあふれた神さまが、すべてを最善にするために、どんなふうに大きく世界中を動かされて、どんな働きをなさるのだろうと、いつも期待いっぱいで見つめております。北朝鮮だけでなく、世界中から悪を絶ち滅ぼされるまで、私たち人間が真っすぐに神さまに向くことができるようになるまで、さまざまな働きを神さまはしてくださると信じています。

私たちはほんとうに小さな小さな人間でしかありません。そして、自分たちが暮らしてきた小さな世界でものを考えて、きっとこうなるんだ、きっとああなるんだと考えたり、思ったりするしかありません。けれども、全能の父なる神の大きな愛は、どんなに悪者であっても、どんなに立派そうに見えても、どんな状態にあっても、人間をちゃんと見据えて、「あなたは今どうなんですか?」と、じっと見つめていらっしゃるんだと、いつもいつも感じさせられています。

私自身、神さまのみこころに沿うような生活がなかなかできない者ですけど、これからも、神さまに真っすぐに従って、大きな神さまが世界をどのように動かされていくのか、祈りながら見守っていきたいのです。

願わくは、北朝鮮の人々が解放されて自由になり、多くの人があの国にキリストのすばらしい福音を携えていくことができるようにと祈っています。

私は、いつの日かめぐみが帰って来た時に、母は、こういう中にあって、このようにすばらしい神さまの御手によって守られてきたということ、多くの方々に祈られていたことを伝えたいと、この記録を残すことにしました。

「私のたましいは黙って、ただ神を待ち望む。私の望みは神から来る。神こそ、わが岩。わが救い。わがやぐら。私はゆるがされることはない。私の救いと、私の栄光は、神にかかっている。私の力の岩と避け所は、神のうちにある。民よ。どんなときにも、神に信頼せよ。あなたがたの心を神の御前に注ぎ出せ。神は、われらの避け所である」(詩篇六二・五~八)

5
横田早紀江
講演会より

講演1「横田姉を囲む拡大祈祷会」二〇〇四年十一月より

［記］十一月十五日、政府を通してめぐみさんの遺骨とされるものが渡されましたが、十二月八日、DNA鑑定の結果、偽物であることが判明しました。

愛する主にある兄弟姉妹方、めぐみの昔からのお友達のお母様方、また大勢の皆様に今日までお祈りしていただき、支えていただいて、この弱い者がここまで来ることができたことを感謝します。

一九九七年に拉致問題が発覚して七年、それまでの、何もわからなかった期間が十九年余り。その間、北朝鮮による拉致らしいという情報もありましたが、みんなには知らされなくて、政治家も動かなかったし、報道もあまりなくて、私たちは言いようもない恐れと不安の中にありました。どれだけ涙を流して、浜辺や市内を何度探し歩いたかわかりません。

新潟県警始まって以来の大捜索でも、何もわかりませんでした。焼却炉で女性の焼死体が見つかった、大井川で女性の腐乱死体が上がったとか、日本海の沖から女性の頭蓋骨が漁船の網に引っかかって上がりましたとか、少しでも情報が入ると私は、歯医者さんから送っていただいためぐみのカルテを持って、警察に飛んでいきました。

私たち夫婦は、小さな息子たちを連れて東京のテレビ局に五回も行き、めぐみに呼びかけました。どこかに生きているのなら、ハガキ一枚でいいから寄こしてください、どなたかこの子を見かけた方はご連絡をくださいと……。

その後二十年を経て、もう皆様がご存じの経過があって、めぐみは北朝鮮に拉致されたとわかりました。私たちは、本当にこんなことがあるのだろうかと、ぞーっとしました。

当時、私たちは新潟に住んでいましたが、お隣の家の二階に下宿しておられた医学生の女性の方が、あの日の夕方、めぐみのいなくなったあたりで女の人の声がした、「きゃーっ」と、ふざけているのかわからないけど、叫んでいるような声が聞こえたと、後になって『新潟日報』に載っていました。

その方は、何だろうと思って窓からのぞいて見てみたけれど、植木の枝がじゃまして何も見えなかったし、車が走り去った音も聞こえなかった。女の子たちがふざけながら帰ってくるような姿もなかったと語っておられました。あれは何だったんだろうと思っていたら、拉致事件が発覚してから、めぐみちゃんがあの角でいなくなった時に叫んだ、その声だったのではないかと気づいたそうです。

たった一言、「助けて！」と聞こえていたのに私には何もできなかったというのが、ご自分のトラウマになっているとおっしゃっていると書いてありました。私たちはその隣に住んでいましたけれど、あの日、私には何も聞こえませんでした。

拉致された人々を救出する運動を続ける中で、北朝鮮の一人の指導者によって日本人がアッという間に船に乗せられて、多ければ四百名に近い若者が連れて行かれていたことがわかりました。帰国された蓮池さんや地村さんも、「自分たちがなぜここにいるのかわからないけれど、毎日毎日、きっと誰かが助けに来てくれる、親は必ず助けに来てくれると、ずっと信じて待っていた」と言われました。

めぐみもきっと毎晩お月様を見ながら、今日来てくれるだろうか、明日は来てくれるに違いないと待っていたはずです。でも、これまで二十七年もの間、誰も来てくれなかった……日本は何をしていたのでしょうか。

めぐみちゃん、こんな所にいたのね

この間、第三回日朝実務者協議がありました（二〇〇四年十一月）。今度こそ、めぐみや拉致被害者の皆さんのことが何かわかるに違いない、今度こそ！という思いで私たちは見つめていました。「めぐみちゃんがどんなにぼろぼろになっていても、そのままで生かして返してください」と藪中《やぶなか》さんにもお願いして、向こうの方々にも伝えてくださいと言いました。

そうしたら、出てきたのは小さな骨壺でした。あとの方は骨さえ見つからないと。それで北朝鮮からは、「みんな死亡しました。これで終わりです」と言われたそうです。

藪中さんは苦渋に満ちたお顔で、「めぐみさんの遺骨を持って帰りました」とおっしゃいました。そばにいた人に、「持ってきてください」と言われて、めぐみの骨壺とされるものが持ってこられました。真っ白な布にくるまれていました。それが私たちの目の前に出されましたが、私は、「これは、めぐみの骨とは思っていません」と言いました。藪中さんは、「それは、ごもっともです」とおっしゃっていました。

それが本当にめぐみのものか、まだ調べていないのでわかりませんが、骨壺と一緒に、三枚の写真が持ち帰られました。その中の一枚を見た時に、私たち夫婦は絶句しました。あの十一月十五日、めぐみがいなくなった日と同じ白いブラウスと紺のジャンパースカート姿で、何とも言えない寂しげな顔、悲しいまなざしで、精一杯撮られていました。拉致されて半年くらい経った頃の写真だそうです。

それを見て、息子の拓也・哲也は、思わず声を上げて泣きました。私たち夫婦も、写真に手を置いて泣きました。「めぐみちゃん、こんな所にいたのね」「こんなかわいそうな姿になって……まだ助けてあげられなくてごめんなさい」と、涙が止まりませんでした。そうした時、藪中さんや回りの審議官の方々も涙を流しておられました。

＊

あとの二枚は、私たちが見たこともない、大人になっためぐみの独身時代の写真でした。子どもの頃からバレエを習っていた時と同じように、すっきりとした立ち方で立ち、背が高くなっていました。これはめぐみに間違いないというか、きりっとした立ち姿でした。こんなに大きくなっていたんですね。

他に、めぐみが中学校に入った時にもらった学生証がありました。めぐみはそれをもらった時、「なんだか大人になったみたい」と言っていました。そして自筆のメモには、父の名前、年齢、勤め先、母親の年齢、名前、弟たちの名前、自分の趣味が書いてありました。趣味は読書だと書かれていました。「私は一日中本を読んでいてもあきないくらい本が好き」と書いてありました。また、バドミントンの選手であったこと、全国選手に選ばれたことなどが几帳面な字で書いてありました。

めぐみがいなくなって以来、私たちは何も知らないで、どこに行ったのか、どこに行ったのかと探していた時期に、めぐみはこうして生きていたのですね。どうしてこのようなことが今、出てきたのでしょうか。

拉致なんて、そんな人は見たことも聞いたこともないと、長い間認めなかった国が、小泉首相(当時)との日朝首脳会談で、拉致を認めて三組の被害者を返してきました。

ところが今回は、誰の骨かもわからないようなものをめぐみの遺骨として出してきたのです。めぐみは、何というすごい人生を与えられたのだろうかと思います。

心を騒がせないで

私は、めぐみを探して泣き続けていた頃、この苦しみは何なのかと思っていた時に、めぐみの親友のお母さんである眞保《しんぼ》節子さんから、ヨハネの福音書にあるみことばを教えていただきました。その頃の私には難しくてわからなかったけれど、何となく心に残っていました。それから、聖書の中からたくさんのことばを頂きまして、心惹《ひ》かれて歩んできました。特に、「苦しみに会ったことは、私にとってしあわせでした。私はそれであなたのおきてを学びました。あなたの御口のおしえは、私にとって幾千の金銀にまさるものです」(詩篇一一九・七一、七二)、「あなたがたは心を騒がしてはなりません。神を信じ、またわたしを信じなさい」(ヨハネ一四・一)というみことばには、「そうですね神さま」と、いつも生き返らせられています。

どんなことがあっても心を騒がせてはならない、神を信じなさい、私を信じなさいと言ってくださる神さまがいてくださる。本当に平安です。「神さま、あなたがすべてを整えて守っていてくださることを感謝します」と祈って、休ませていただいています。

また、こんな小さな者が用いられていることも感謝です。私は、こんなに大勢の皆様の前でお話できるような者ではないんです。いつも人の影に隠れていたいような者なのに、こうしてたくさんの人の前で拉致問題の大変さをお話しさせていただき、被害者の救出を訴え続けています。また、皆さんの前で、聖書のみことばを通して主なる神さまとお出会いし、救われて、神さまの大きなご愛を語るために用いていただけているのなら、どんなに感謝なことかと思っています。

＊

今、日本が平和でありすぎて、こんなに近い北朝鮮という国がどんなに恐ろしい国であるかということを知らない、考えられないのではないでしょうか。あの国には食べることもできない人たちが大勢います。日本からの支援で、お米を何度も何度も出しても、そのような人たちの所には一粒たりとも行かないのです。それを、幹部や軍部の人たちが売って軍備に使って、その切っ先が日本や世界に向けられています。

そんな国の中にあっても、きっと神さまは、めぐみや被害者の人たちを守り、愛してくださっているのです。めぐみは、神さまの御翼《みつばさ》の陰に抱かれて、どのような病気であっても癒《いや》されて、「お母さん、私はきっと元気でお母さんの元に帰るんだから待っててね」と言っていると思います。いろいろな心を揺さぶられる情報が流れますが、私には、「お母さん、それは違うよ、私はここにいるのよ」というめぐみの声がいつも聞こえています。だから、神さまを信じ、神さまのみことばを信じて生きていきたいと思っています。

まだまだ解決は遠いかも知れません。もっと早くわかりたい、早く救ってほしい、生かしてほしいと、私たちががたがたとする中で、「わたしの恵みは、あなたに十分である。というのは、わたしの力は、弱さのうちに完全に現れるからである」（Ⅱコリント一二・九）と言われた、たった一人の神、全知全能の神が「すべてのことには時がある」とおっしゃっています。そのことばを、いつも心に留めています。

私は、こんなに苦しい年月の中でも、どんなに大きな恵みを頂いてきたかを思います。めぐみちゃんがいなくなった後も私たちは守られて、今があることを感謝しないではいられません。全国のどれだけたくさんの人に支えられ、また、主にある兄弟姉妹たちに助けられてきたことか。これも感謝です、これも感謝ですと、人々の温かい思いに感謝しています。

あまりにもあわただしい毎日で、皆様の前でお話しするのに何の準備もできなくて申し訳ございません。これからも、めぐみやたくさんの拉致された日本人の方々、もっともっと多くの苦しんでいる北朝鮮の人々が助けられますよう、精一杯闘いを続けていきたいと思います。

そして、日本に帰って来られた方々と同じように、めぐみたちが今度こそ帰ってくるという、あの喜びがもう一度ありますようにと祈っています。

講演2 「横田めぐみさんのご両親を励ます会」 二〇〇九年七月より

〔記〕神奈川県裾野市での講演に、ご本人の談話を加筆したものです。

このように、毎年大きな会を開いてくださってお招きいただきまして、ありがとうございます。いつも主人が一緒なので安心していますが、今日は主人は他の県の集会に行っておりまして、私一人ですので少し緊張しております。

主人も何回か病気をしまして、その都度回復させていただいています。私も、「今日は疲れ切っています」って言いながら、それぞれが講演会や各地での集会に行くような日々を過ごしております。

主人がたいてい先に三十分お話をして、私がその後お話ししますが、あんまり疲れていると、主人の話を聞いている間に居眠りしてしまいそうになるんですね。子守歌のようになって。でも、自分が話す番になって何を話せばいいか忘れてしまったら大変だから、ここで居眠りしてしまったら大変だと思って、一生懸命やっています。

拉致被害者の救出活動が始まってから、すでに日本の全県からお招きいただき、千回を越える講演会やシンポジウムでお話をしてきました。この間は松下政経塾にも行って来ました。

最近は大学、高校、中学でお話しする機会も多くなっています。学校では、自分の子どもが拉致されたとしたら、あなたたちのお父さんお母さんだったら、どうなさるでしょう。私たちと同じように、命懸けで一生懸命、政府に働きかけてくださると思いますよと話します。こんなに近くの国で、苦しんで助けを求めている人たちがいるとわかっていても、見えない場所に隠されていて、日本の政府はどうすることもできない。あなた達の将来の日本がこんな国でいいのでしょうか。そして、普通に暮らせることが、どんなに幸せなことか考えてみてくださいと話しています。

ある中学では体育館にいすを運び入れないで、千人くらいの生徒さんが床に座って、真剣に聞いてくださったんですね。身を乗り出して、しーんとしてしわぶきもしないで聞いてくださるんです。

めぐみがいなくなった年頃と同じような、紺の制服を着た生徒さんたちを前にして、「ああ、めぐみも体育館でこういうふうに座っていたんだな」と思いながら……でも、ここで泣いたらお話ができなくなると思って、一生懸命に話しました。

後から先生が、生徒がこんなに真剣に人の話を聞くなんて、この学校始まって以来くらいですと言われました。「もしかしたら、連れ去られたのは自分だったかも知れない、自分がめぐみちゃんの立場だったかも知れない」と、後からお手紙を頂きました。それほど、ものすごい事件だと思われたようですね。

めぐみの拉致と北朝鮮での様子

拉致問題は日本の国に大きな意味をもたらしました。国家の指令によって、筋骨たくましい人たちが選ばれて工作員として、誰でもいいから連れて来なさいと言われ、世界の十二ヵ国から、何の罪もない若者たちが北朝鮮に連れて行かれました。めぐみは学校の帰りに、帰国されました地村さんたちは、もうすぐ結婚しようねと話されていた頃、佐渡の曽我ひとみさんはお母さんと一緒に……。

めぐみがいなくなった後、何もわからなくて泣き叫んでいたのが、昨日のことのように思い出されます。どうしたんだろう、この道をまっすぐ帰って来たはずのに……寄り道をするような子ではなかったのにと、心配で、心が凍り付いてしまったような感じでした。そんな、全くわからない状況が二十年続きました。

でも、私たち家族にとってめぐみの記憶は、十三歳の時のままなのです。赤いスポーツバッグを持って、朝、元気に「行って来ます」と出て行ったままで、記憶が途切れているんです。あの子がいることで、うちはどんなに明るくいられたことか。あれから、食堂のいすもいつもぽつんと空いていて、みんながうつむいて暗くなってご飯を食べていると、また涙が出てしまいます。双子の弟たちは、「お姉ちゃんどうしたの？」と言って、お父さんお母さんがこんなに悲しんでいるから、僕たちもあまり笑えない……というようになっていました。

お祭りがくると、「ああ、めぐみにも浴衣を縫ってあげて、着せてあげて、団扇を持って出かけていったな」と、何かにつけて思い出します。でも、どんなに探しても、めぐみのことは米粒一つの情報もないし、何もわかりませんでした。

私は、こんなことをして生きていても仕方がない、早く死にたいと泣き暮らしている頃に、聖書に巡り会うことができました。一度読んでごらんと言われて、聖書にふれることで、目からウロコが落ちると言いますか、世の中には自分の知らないもっと大きな力があって、人の生も死も神さまの御手の中にあるのだと知りました。あまりに苦しいから、死んでしまえば何もかも終わりじゃないかと考え、自分で死んでしまおうなんて愚かな思いを持っていた自分の姿を教えられたのです。

私は、聖書を読むことで平安を頂きました。そして、神さまの力で支えられ、その時その時で、「あなたには、今こういう方が必要です」と、良い出会いを与えられて、全国の方たちに助けられてきました。

そして、二十年近くたった頃に、北朝鮮の脱北工作員である安《アン》明進《ミョンジン》さんが現れて、その証言で、十三歳で拉致された日本人の女の子がいるということから、めぐみのことがやっとわかったのです。

それまでは九九パーセントわからなかったことが、安明進さんの証言からどんどんわかってきました。祈りに答えてくださる神さまが、いろんな形で次々に見せてくださったのです。

めぐみは、恐ろしい船の中に閉じこめられて日本海を連れて行かれて、北朝鮮の清津《チョンジン》港に着いて、平壌《ピョンヤン》に移され、朝鮮思想や朝鮮語を教え込まれていたそうです。一生懸命に朝鮮語を勉強すれば、十八歳になったら日本に行かせてあげると言われて一生懸命勉強したけれど、行かせてもらえなかった。それで鬱《うつ》になったということでした。

日本の国が見えなかったこと、知らなかったことが、たくさんの情報や、いろいろな証言によって明らかにされて、私たちは、言いようのないショックの受け続けでした。それでも、九七年九月の日朝会談で、拉致家族として一緒に救出活動をやっていた蓮池さん、地村さんたちのご家族が北朝鮮にいるとわかりましたし、日本政府は考えもしなかった曽我さんの拉致も明らかになりました。そして、実際に返されることになりました。ああいうことがなかったら、日本中の人や世界中の人が、北朝鮮はあんなに怖いことをした国だということを知らなかったでしょう。

その後、私は曽我さんとお会いして、めぐみのことを聞きました。曽我さんは、めぐみより一年あとに拉致されました。そしてすぐに、めぐみが住んでいる招待所に連れて行かれて、一緒に住んで勉強なさったそうです。めぐみは、自分が連れて来られて一年経って、日本からお姉さんが連れて来られたので、とってもうれしそうにして、日本語で「こんにちわー」と言ってくれたんですよと、おっしゃっていました。ご自分もとてもうれしかったと。

そして、拉致されたいきさつを話したと言われました。曽我さんは、「私はお母さんと海岸で襲われて、あっという間に羽交い締めにされて、連れてこられた」と。そしてめぐみは、「私も、バドミントンの練習を終えて学校の帰りに、もうすぐ家が見えるという曲がり角まで来た所に男の人がいて連れてこられた」と言ったそうです。

あまりにも怖い状況だったので、二人とも思い出したくなくて、「怖かったね、怖かったね」と、ささやき合って泣いたと。そして、よくお布団の中で、おぼろ月夜とか羽生の宿とか、日本の唱歌を小さな声で歌って泣いたんですよと言われました。

また、曽我さんはこうもおっしゃっていました。めぐみちゃんは絵が好きで、私の手をよく写生してくれた、花の絵も描いていて、そんな絵をもらいましたと。しばらく一緒に生活して別れる時に、「めぐみちゃんから、これは私だと思って大事にしてねと、赤いスポーツバッグをいただいたんです」と、おっしゃっていました。それも、何も持って帰ることができなくてつらいと言われました。

その赤いバッグは、めぐみがいなくなった日の朝、持って出かけたものでした。当時、私は、学生かばんや赤いスポーツバッグなどがないかと、大型ゴミ捨て場によく探しに行ったものでした。

曽我さんは、北朝鮮を出る前にへぎょんちゃんに会われました。めぐみさんの子どもさんだとすぐに分かるほどよく似ていたと言われました。そして、へぎょんちゃんは、お母さんはもう死んだんだと言っていたと。曽我さんは、一緒に拉致されたご自分のお母さんも、もう日本に帰したと聞かされていたけどいなかったので、ショックと寂しさで、本当につらかったと思います。

今日助ければ、明日帰れるのに

拉致は人間の命の問題です。めぐみは、取り去られて三十二年も経っているのに、あの国のどこにいるのかもわかりません。それに、死亡と言われても出てきた骨は偽物ですし、他にも死亡宣告をされたままの人もいます。大変な中で犠牲になり、連れて行かれたたくさんの人々は、今でも「まだ助けてくれないの」と声を上げて泣いているんです。

ただ、複雑な歴史的背景があるために、日本政府も拉致された人を帰してくださいと言っているけどそれだけでは解決しません。私は難しい問題はよくわからないし、どうしていいのかもわかりません。でも、明日どうなるかもわからない人たちの命をまず助けることが、この国の大きな使命だと思うんです。今日助ければ、明日、元気で日本に帰れるかも知れないのに……。

世界でこんなに大きく報道されるようになり、私たちはブッシュ前大統領にお会いして賛同していただいても、国連で証言して取り上げられても、国際的な問題になると核問題とかに左右されて、拉致問題は横に置かれかねません。

日本政府も、「絶対に解決しなければ」と口では言っておられるけど、たくさんの問題の中の一課題としてしか、取り上げていただけません。自分の代で絶対に解決しますとおっしゃった方でも、さっと総理大臣を辞めて、理由を聞いても何もわかりません。本当に何なんだろう、私たちはどうすればいいのだろうと、力が抜けていくような感じで見ています。

次々と総理大臣が替わり、省庁の人が代わり、どちらが政権を取るかとか、こんなことばかり繰り返していて、こんな国で本当にいいのでしょうか。よその国は、こんな日本をどのように思うのでしょうか。こんな国が、世界から尊敬されるわけがありません。

私はこの頃、活動を続けていて、身にしみて思うようになりました。恐ろしさを感じています。日本がもっともっと危機感を感じて、大切な同胞を、緊迫感を持って命懸けで助けてほしいのです。日本人の魂を持った、義を持った人が国政に出て、日本のみんなが力を合わせれば、こんな力があるのだということを世界に示し、きちんと解決していくべきなんです。

拉致被害者はみんな死にました、拉致問題は終わりました……それで、かわいそうだったねー、大変だったねーということで終わってはいけないと思います。もっともっと大変なことが、すぐ近くにあるんだということを言っていかなければならないんじゃないでしょうか。

北朝鮮には餓死した人たちが百万人単位でおられ、今も飢えて死んでいく人たちがたくさんいる国です。政治的な問題で親を連れて行かれたり、あるいは、雨の中を裸足で歩いて、トウモロコシを水たまりの中から拾って食べているような、やせ衰えた子どもたちが、今でもたくさんいるんです。それさえ食べられないで餓死する子もたくさんいます。その人たちを助けることなく、軍備に力を入れて、ノドンやテポドンなどのミサイルや核兵器を強化し、世界を恫喝《どうかつ》しています。

本当に恐ろしい問題だと思います。世界が平和になるために、日本も北朝鮮も平和になるために、一刻も早い解決が必要です。私は、めぐみたちを返しなさいと言うのは当然のことですが、「あなたの国ももっと幸せになってください、みんなが食べられるように、自由にものを言えるように、みんなが自由に生きられるように良い国になるようにと言ってください」と、どこに行っても言わせていただいています。

祈り続けなさい

これまでめぐみのことは、拉致なんていうことが二十年間も全く何も見えないところから、こんなに長くかかりましたが、いろいろなことがわかってきました。救出活動に入ってからも十二年目に入っているのに何も解決できなくて……。

私たち家族はいつまでこんなことをしていていいのかわからないですが、親として、兄弟として、人間として、一人でも多くの方に、この日本に拉致というものすごいことが起きていたんだということを知っていただきたくて、心から頑張って実行していくだけです。

私は、今までのいろんなことを振り返りながら、普通では考えられないようなことを神さまがなしてくださっていると思わせられています。普通ではできないようなことを、神さまは「信じてしなさい、信じてやればできる」と言われています。拉致被害者家族の中では、私はこれでもいちばん若い母親です。でも、ただの平凡なおばあさんですから、政府高官の方に会ったり、ブッシュ前大統領や、国連や大使や、いろいろな国の考えられないようなすごい方々にお会いして、どうしていいか、何を話せばいいのかわからないんですね。でも、その場その場で、神さまが適切にことばを下さって話させてくださることは、本当に感謝です。

私を信仰に導いてくださった宣教師のマクダニエル先生が、どんなことがあっても祈り続けなさいとおっしゃいました。私も、神さまが必ず時を備えていてくださる、祈ったことは聞かれると信じて、「このことは、神さまはどうなさるんですか?」と、いつも問いかけながら祈っています。

神さまは聖書の中で、「わたしの恵みはあなたに十分である」とおっしゃっています。ですから、悲しいこともいっぱいあるのですけれど、大変な毎日の中でも、多くの兄姉方によって祈られて、支えられて、神さまと共に歩んでいます。そして、「これまでの恵みを本当に感謝いたします。神さま、どうぞ助けてください!」と祈ることしかできない者ですが、その中で一日一日を一生懸命過ごしています。

皆さまのご署名、支援金、本当にありがとうございます。いつぞやも、小さなお子さんが、「横田さんのおばちゃん、病気にならないでね」と、お小遣いの中からご支援くださったり、多くの方々のお心遣いが生かされて活動を続けることができます。
このご支援が、「みんな帰ってきて良かったね」と、大喜びして、日本のみんなで乾杯するために使われる日が来ることを祈っています。
今日までのお支えを、心から感謝いたします。

めぐみさんの歌「コスモスのように」

拉致事件を多くの人に知っていただき、解決を祈ってもらいたいと、ブルーリボンの祈り会から生まれた歌「コスモスのように」。横田早紀江さんが、めぐみさんとの思い出をつづった詞に、ゴスペル・シンガーの岩渕まことさんが、明るく希望のあるメロディーをつけ、妻の由美子さんと歌っています。（次ページに歌詞を掲載）

コスモスのように

ふわふわと
ゆれているコスモスに
ほら！　めぐみちゃん
トンボが　とまろうとしているよ
今年も…

コスモスって何だか弱々しく
ゆれている花なのに
ほら！　お母さん
お母さんが育てたコスモスって
茎が太く　花も大きくって
風にもゆれないよ

ふわふわと
ゆれているコスモスに
ほら！　めぐみちゃん
トンボが　とまろうとしているよ
今年も…

遠い空の向こうにいる
めぐみちゃん　あなたも
お母さんが育てたあのコスモスのように
地に足をふんばって生きているのねきっと
しっかりと頭を揚げて生きているのねきっと

詞　横田早紀江

みんなで再会できる日を

二〇〇二年九月、初めての日朝首脳会談が行われてから、今月で、すでに丸七年も経ってしまいました。北朝鮮は、三組の拉致《らち》被害者家族を日本に返した後、あらゆる嘘だらけの報告ばかり出し続け、「拉致問題はこれで終わり」と言い続けています。

めぐみの死亡宣告の二年後、娘の遺骨と言われる骨壺と中学入学時の学生証や、めぐみ直筆のメモ（私たちの家族構成が記されたもの）、北に拉致されてから半年目くらいに写されたと思われる白いブラウス姿の写真と、成人しためぐみの二枚の写真などが、外務省高官から手渡されました。

私たちが、白いブラウスの学生服姿のめぐみを求めて、海岸を泣き叫んで捜し回り、どんなに捜しても見つからなかった、その白いブラウス姿のめぐみの写真が出てきたのです。私たち家族は写真を撫《な》でて、「めぐみちゃん、こんな所にいたのね……」と、ほろほろと涙を流しました。

＊

三十二年の間に、病気に罹《かか》りながらもこのような残酷な恐怖の国で生き抜いてきた私たちの娘。そして、日本や韓国をはじめ、世界十二ヵ国もの国々から拉致された、たくさんの若者たち……。

私たち家族会はあらゆる手を尽くして、この大変な問題を訴えてきました。ワシントンでは下院で証言させていただいたり、思いがけずブッシュ前大統領とお会いして、拉致についてお話しする機会もありました。国際問題として、このようなことは許せないことであり、世界中の国々が共に北朝鮮にメッセージを出し続けなければならないと、心からの思いを話させていただくことができました。

国内では、私共のマンションの住人の方々が支援・協力してくださり、某新聞社の協力を得て、めぐみや息子たちがまだ幼かった日々の家族の写真展を、全国各地で展開してくださいました。

また、アメリカのポール・ストゥーキーさん（元ＰＰＭのポール）という有名な歌手の方が、「めぐみ」と題して、曲を作ってくださいました。一人でも多くの方にこの哀しみを共有していただき、拉致問題の真実を知ってほしいと、自ら作詞作曲してくださったのです。

さらに、同じくアメリカの映画監督のご夫妻が救出活動のすべてを撮り、『拉致三十年の歩み』と題してドキュメンタリー映画を制作して、日本国内や海外の各地で上映してくださいました。また、因幡《いなば》晃さんや岩渕まことさんも歌を作ってくださり、池田理代子さん、南こうせつさんも賛同してくださっています。それらによって、多くの方々にこの問題を理解していただくことができました。

けれども、どんなにできる限りの活動をしても、拉致問題はいっこうに解決せず、本当に情けなく悲しい思いでいっぱいです。しかし、「すべてのことには時がある」と聖書のみことばに語られおりますとおり、「失せるに時があり、現れるに時がある……」のですから、長い長い道のりも、振り返れば何も見えなかったあの二十年間を経て、一ふし一ふしに、どれだけ多くの現れと変化を見たことでしょうか。

主なる神は、どこまでも大きく、そして細やかなところまでも関わられつつ、一刻一刻に事を現しておられることを思わずにはいられません。

しかし、人の命には限りがあります。三年ほど前には主人も、初めて服用した飲み薬による副作用で、命にかかわる病に陥りましたが、神さまのお守りにより、また、多くの方々の祈りによって、奇しくも命拾いをしました。私も、何がどうなるかわからないような苦しみの中でも、こうして支えられている毎日です。

神さまの御手が動かされ、問題が解決して、拉致被害者の一人一人も、家族の一人一人も、みんなが健やかに再会できる日が、一日も早く来ることを願いつつ、ただただ祈るばかりです。

二〇〇九年九月

横田早紀江

北朝鮮による拉致事件とは

1970～80年代を中心に、朝鮮民主主義人民共和国（北朝鮮）によって多数の日本人が拉致された事件。亡命した北朝鮮工作員の証言や日本当局の捜査から北朝鮮政府の関与が明らかとなり、1991年以降、日本政府は北朝鮮に対して、事件解決の交渉を求めてきたが、北朝鮮政府は本件を否定し続けた。

しかし、2002年に小泉純一郎首相（当時）が訪朝し、日朝首脳会談が実現。この時、金正日国防委員会委員長は、北朝鮮政府が日本人13人を拉致したことを認めて謝罪した。この会談から約１か月後、５人の拉致被害者が帰国を果たす。

日本政府による認定拉致被害者は17人。残りの12人について、北朝鮮政府は「死亡」や「入国していない」と回答した。ところが、死亡したとされる８人の死亡確認書が、日本政府の調査のために作成したことを後に北朝鮮政府が認めるなど、その対応には不明朗な点が多い。被害者家族や日本政府は抗議を続けているが、北朝鮮政府は、拉致問題は解決済みとの姿勢を崩していない。これに対して、日本政府は「対話と圧力」という方針の下、各種の制裁措置を行っている。

韓国でも多くの拉致被害者が生まれており、朝鮮戦争終結時に約８万人、その後も3,000人以上と推定されている。国連もこの事態を憂慮し、2005年には国連総会本会議で「北朝鮮の人権状況」が採択され、北朝鮮政府に対し、外国人拉致だけでなく北朝鮮国民に対する扱いについて人権の改善をアピール。2007年にも再度採択され、新たに拉致被害者の即時帰国要求の項目が盛り込まれた。（編集部）

参考資料

日本政府拉致問題対策本部「北朝鮮による日本人拉致問題」HP

ブルーリボンの祈り会

2000年5月以降、ほぼ月1回、東京の「いのちのことば社」を会場に開かれていた「横田姉を囲む祈り会」が、本書の出版（2003年12月）を機に、祈りの輪が国内外に広がっていきました。現在、「ブルーリボンの祈り会」の名称で、下記の場所において、ほぼ定期的に行われています。

首都中央祈り会・新居浜ブルーリボンの祈り会
（以下、地名のみ掲載）・福島・横浜井土ヶ谷・加古川・
横浜戸塚・千葉幕張本郷・世田谷・群馬ボランティア・
多摩・中野・愛知・神戸・土浦・新潟・座間・山梨・
秋田・ひたちなか・さいたま・大津
シンガポール・ミラノ・香港・メーアブッシュ・
ハンブルグ・ベルギー・アトランタ・スイス・
ノルウェー・バルセロナ・バーミンガム（順不同）

いのちのことば社チャペル「横田姉を囲む祈り会」
ほぼ毎月第3木曜日午後2：45～
連絡先　東京都中野区中野2-1-5

連絡先
世話役　斉藤眞紀子
Tel.03-3413-7861
Fax.03-3413-0885

新版ブルーリボンの祈り

2003年12月15日発行
2005年12月15日7刷
2009年11月25日新版発行
2013年5月1日新版3刷

著者 横田早紀江 眞保節子 斉藤眞紀子 牧野三恵
編集協力 熊田和子

発行 いのちのことば社 フォレストブックス
164-0001 東京都中野区中野2-1-5
編集 tel.03-5341-6924 fax.03-5341-6932
営業 tel.03-5341-6920 fax.03-5341-6921
Homepage http://www.wlpm.or.jp

印刷・製本 モリモト印刷株式会社

ISBN978-4-264-02781-2 C0095